现代大樱桃栽培

张洪胜 主编

中国农业出版社

编写人员名单

主　　编　张洪胜

副 主 编　姜中武　苏佳明

参编人员　张振英　段小娜　慈志娟

　　　　　于　强　李延菊

前言

我国的大樱桃种植已经历30年的高速发展阶段，总结和评价这30年来在品种选择、栽培技术、产后处理及与市场经营模式等诸多方面的成败得失，正当其时。

本书的第一部分详细记述了目前世界大樱桃生产的分布和我国主要产区的概况；第二部分重点介绍了适宜大樱桃栽培的气候特点和区划分布；第三部分对我国近年广泛栽培的品种和砧木的生产表现进行了介绍和评价；第四部分是本书着墨较多的部分，从果园园址的选择，到定植时斜栽的好处，从纺锤形整枝到主要病虫害防治都有论述，特别对大樱桃根系生长环境和规律的介绍说明了果园生草、覆草及穴贮肥水的良好效用，并对樱桃园肥水一体化新技术作了概述；第五部分则着重对当前我国樱桃种植中普遍遇到的流胶病、裂果、根瘤病以及春霜冻的成因和防治等最新进展进行介绍，可以使读者对这些问题有全面了解；第六部分重点对国外大樱桃的产后处理技术进行了论述，包括采收标准、水冷及机械化自动分选等内容；本书的最后一部分根据联合国粮农组织的最新统计，对目前世界大樱桃生产和进出口贸易作了评述。希望本书对我国樱桃种植者、技术推广及专业研究人员有所借鉴。

本书是对近年来国内外大樱桃产业发展中一些难点问题的简要总结，是众多专业人员共同工作的结果。本书在编写过程中，先后得到了孙玉刚、张福兴、李元军等业内专家的指导和协助，在此深表谢忱。由于水平有限，书中的缺点和错误难免，敬请广大读者批评、指正。

编　者

2012年6月

目录

一、国内外大樱桃发展概述

樱桃是落叶果树中果实成熟期最早的水果，是谓“百果之先”。樱桃果实色泽艳丽，圆润晶莹，果实鲜嫩多汁，甜酸可口，营养丰富，外观和内在品质皆佳，被誉为“钻石水果”。樱桃成熟期处于春末夏初，此时新鲜果品市场正值青黄不接之时，樱桃率先上市，深受广大消费者的喜爱。据分析，每100克可食部分果肉中含碳水化合物12.3～17.5克，其中糖分11.9～17.1克；蛋白质1.1～1.6克；有机酸1.0克；富含多种维生素，胡萝卜素为苹果中胡萝卜素含量的2.7倍，维生素C的含量超过苹果和柑橘；含较多的钙、磷、铁，其中铁的含量在水果中居首位，比苹果、梨、柑橘高20多倍。樱桃还有药用价值，其果实、根、枝、叶、核皆可药用，叶片和枝条煎汤服用可治疗腹泻和胃痛。老根煎汤服用可调气活血，平肝去热。种子油中含亚油酸8%～44%，是治疗冠心病、高血压的药用成分。樱桃果实有促进血红蛋白再生作用，贫血患者、眼角膜病患者、皮肤干燥者多食甚为有益。樱桃果实的生长发育期短，其间一般打药很少，因此不易被农药污染，容易生产出绿色果品。樱桃果实一般用于鲜食，也适宜加工制成糖水樱桃罐头、樱桃汁、樱桃酒、樱桃脯、樱桃酱、樱桃干、什锦樱桃等20余种产品，特别是染色樱桃是西式糕点制作上必备的原料。樱桃花期早，是早春的蜜源植物。另外，樱桃树姿秀丽，花朵茂盛，也是行道和城市绿化的重要树种之一。

大樱桃起源于西亚的里海和黑海之间部分地域，包括伊朗西北部和土耳其的部分地区。在人类开始栽培前，鸟类可能最先将其带往欧洲。希腊是欧洲甜樱桃栽培的先驱，大约公元前1世纪罗马帝国已开始栽培，后逐步推广扩大，因为它曾是军团士兵的重要餐食原料。起初主要种植于大道两侧，既可取食果实也可用其木材。2～3世纪传到欧洲大陆各地，以德国、英国、法国最为普及。1629年英国殖民主义者将其带往美国，随后西班牙的传教士也将大樱桃引入美国的加利福尼亚州。1800年由拓荒者和毛皮商人带往目前美国的主产地华盛顿、俄勒冈及加利福尼亚州。亚洲的大樱桃栽培较之欧美国家晚了百年。

（一）世界主要大樱桃栽培区发展概况

目前，大樱桃在世界上已广泛栽培，主产地普遍聚集于北纬35°与北纬45°之间（图1）。除欧洲各国普遍栽培外，北美洲的美国、加拿大，南美洲的智利、阿根廷，大洋洲的澳大利亚、新西兰，东亚的日本、中国、韩国以及南非、以色列等国均有栽培和发展。这些地区的一般特点是濒临大洋、大湖等大的水面，气候湿润温和，这与大樱桃成熟期早、易裂果的特性密切相关。

1. 北美地区 以美国的华盛顿及俄勒冈等州为主，该地区气候冷凉，降水主要集中在休眠期，生长季节阳光充足、空气干燥，土壤疏松肥沃，不仅有利于提高果品品质，而且病虫害较轻。

2. 西欧 意大利、西班牙、法国及德国等在20世纪80年代前后曾是世界大樱桃的主要生产地。近年来，随着一些新兴生产国的崛起其所占比重有所下降。该地区因受地中海气候的影响，成为冬湿、夏干的亚热带气候，年平均气温10℃左右，1月份平均气温0～8℃，7月份平均气温17～23℃，年降水量600～700毫米，年日照在500～1 900小时，有效积温在410～2 063℃，是非常适合大樱桃栽培的地区之一。

3. 西亚 伊朗和土耳其是该区域的主产国。他们既是大樱桃的起源地，也是目前世界大樱桃的新兴主产国。伊朗的大樱桃主要分布在中北部地区，属多山亚热带气候，夏季最热月平均气温30℃，冬季最冷月平均气温2℃，绝对最低温－20℃，年降水量

图 1　纺锤形整枝樱桃园

≤500毫米，昼夜温差大，日照充足，果品质量高，近年来发展平稳。土耳其为多山国家，境内大部分地区为大陆性气候，年平均温度4～20℃，年降水量不足500毫米。北部地区受黑海气候影响降水量达2 000毫米以上。

4. 东亚 主要以中国和日本栽培量最大，韩国和朝鲜也有少量栽培。

5. 南美及大洋洲栽培区 主要以智利、阿根廷、澳大利亚等为主。南半球的栽培对我们而言是反季节，其樱桃收获期正值中国春节前后，因此与北半球在上市时间上有互补作用。

（二）中国大樱桃栽培现状与主栽区分布

我国大樱桃栽培开始于19世纪70年代，据《满洲之果树》（1915年）记载，1871年美国传教士倪维思引进首批10个品种的大樱桃栽于烟台的东南山；1880—1885年烟台莱山区槫岚村的王子玉从朝鲜引进那翁品种；1890年又有芝罘朱家庄村的朱德悦通过美国船员引进大紫品种，这些品种到民国初期传到山东沿海各地。辽宁大连的大樱桃主要在20世纪初由日本引入。目前我国大樱桃分布主要集中在渤海湾沿岸，以烟台市和大连市郊区为最多。山东省是我国大樱桃栽培面积最大、产量最多的一个省，除烟台市各区县外，青岛、威海、济南、日照、淄博、潍坊、枣庄、泰安、临沂等地也有分布。辽宁省集中分布在大连市的金州区和甘井子区。河北省主要分布在秦皇岛市山海关区、北戴河区及昌黎县。此外，北京、河南、山西、陕西、内蒙古、新疆、湖北、江西、四川等十几个省、自治区、直辖市也都有引种和栽培。

大樱桃引入我国后长期没有进入生产栽培，而是多在教会的庭院和城市的郊区零星种植。新中国成立后，烟台、大连等地区开始少量生产栽培，直到改革开放以前发展滞缓，管理粗放，树形多采用自然开心形，结果晚、产量低，年总产量在1 000吨左右。栽培品种主要有大紫、那翁、黄玉等。

改革开放后，随着市场经济的发展，大樱桃的种植效益显著，普遍高于苹果和梨，促进了环渤海湾地区栽培面积的迅速扩大。到1990年，山东省樱桃产量达到2 050吨，其中大樱桃产量居全国首位，成为我国最重要的栽培区。20世纪90年代以后，随着对外交流不断深入，先后引进了大量新品种和新的栽培技术。同时我国科研教学单位也开展了广泛的良种选育和栽培技术研究，各产区开始建立大规模商业果园，通过推广密植早果、丰产优质高效栽培技术，包括肥水精细管理、起垄种植、合理配置授粉树、促花保果，采用疏层形、纺锤形等树形，大樱桃生产进入了快速发展期。根据联合国粮农组织（FAO）统计数据，1996年我国大樱桃收获面积为15 000亩*，年产量3 800吨；1999年收获面积为30 000亩，年产量1万吨；2006年收获面积为75 000亩，占世界收获面积的1.2%，产量1.9万吨，占世界总产的1.01%。但FAO的统计数据事实上远远小于我国的实际栽培面积，据中国园艺学会樱桃分会初步估算，2005年全国大樱桃栽培面积已达60万～75万亩，主要分布在山东、辽宁以及河南、河北、陕西、甘肃、北京以及云贵川等地区，近年来在各地还试验建成了一批城市近郊采摘园等新兴产地。

1. 山东地区　主要分布在福山、栖霞、临朐、新泰、山亭等县市区（2007年山东樱桃栽培面积、产量分布见表1）。除烟台市各区县外，青岛、威海、济南、日照、淄博、潍坊、枣庄、泰安、临沂等地也有分布。

烟台栽培最早，据烟台市农业局2006年统计，该市种植面积达31.5万亩，年产量为12万吨。其中，仅福山区就有10万亩之多，年总产量突破3万吨，规模和产量均居全国县级市、区第一。2010年福山大樱桃产业实现总产值3.7亿元，仅此一项，就带动农民人均增收2 000多元。

---

* 亩为非法定计量单位。1亩≈667米^2，余同。——编者注

表1　山东2007年樱桃栽培面积、产量及分布

地区	面积（万亩）	产量（万吨）	具体分布
烟台	35.7	12.6	福山（10万亩）、栖霞4.5万亩、海阳3.9万亩、蓬莱3万亩
枣庄	7.05	1.2	山亭（5万亩）
潍坊	6.75	1.7	临朐（5万亩）、安丘
泰安	6.75	3.4	新泰、岱岳、泰山区、肥城
济宁	5.4	1.1	邹城、泗水、曲阜
临沂	4.95	1.2	沂水
青岛	2.85	1.6	平度、李沧
日照	2.25	1.0	五莲
淄博	2.1	0.3	沂源
聊城	1.5	0.1	冠县、阳谷
济南	1.05	0.3	长清、章丘
威海	1.05	0.2	乳山
莱芜	0.45	0.1	莱城
菏泽	0.195	0.2	
合计	78.045	25.0	

引自孙玉刚等2008年资料。

2. 辽南地区　辽南产区主要集中于大连地区。大连的气候条件适合大樱桃的生长发育，主要包括金州区、开发区、甘井子区和旅顺口区以及瓦房店市、普兰店市的个别镇村。

大连金州区的10个乡镇都有大樱桃种植，据报金州约有大樱桃种植面积10万亩，有40多个品种，现年产量约1.8万吨，幼树居多。

旅顺全区大樱桃栽植面积9万～10万亩，主要分布在铁山街道、旅顺经济开发区、双岛湾街道、北海街道、三涧堡街道、长城街道、水师营街道、龙头街道，结果面积4万亩，预计在产量1万吨以上，产值可达2亿元。

瓦房店市目前种植大樱桃面积近2万亩，以得利寺、炮台、驼

山、泡崖、祝华等乡镇村为主要产区。

普兰店市大樱桃种植面积约 2 万亩，以大连弘峰企业集团有限公司大刘家镇大樱桃生产基地为主要产区。

另外，在庄河和长海县以及全市涉农区市县均有分布。

3. 冀东地区 主要集中于秦皇岛市。位于河北省东北部，东经 118°33′～119°51′，北纬 39°24′～40°37′。气候类型属于暖温带半湿润大陆性季风气候。因受海洋影响较大，气候比较温和，春季少雨干燥，夏季温热无酷暑，秋季凉爽多晴天，冬季漫长无严寒。辖区内地势多变，但气候影响不大。2006 年，市区全年平均气温 11.2℃，平均最高 24.9℃，最低 －4.3℃，全年降水量 551.7 毫米。

到目前为止，秦皇岛种植规模约 2 万亩，其中山海关区栽植面积达 1 万多亩，结果面积 5 000 亩，年产量 1 000 多吨，主要栽培品种有红灯、意大利早红、红艳、大紫、香蕉、拉宾斯、萨米特、宾库等。

4. 陕西 目前陕西大樱桃集中栽培区主要在陇海铁路沿线，以西安、宝鸡两市较多，沿陇海铁路的渭南、西安、咸阳、宝鸡等市的近 30 个县（区）均是大樱桃栽培优生区。这些地区大多地势平坦，交通方便，靠近大中城市，有灌溉条件，土壤、气候条件均适宜于大樱桃栽培。年均气温在 12～13℃，冬季最低气温大多在 －11℃以上。从 20 世纪 80 年代起开始发展大樱桃到现在均未发生冻害现象，气候条件比较适宜。陕西大樱桃果实成熟期多集中于 5 月份，这一阶段降水量较小，气温回升较快，昼夜温差大，有利于果实着色与糖分积累，而且裂果现象也较轻，近 5～6 年的市场调查结果显示，陕西大樱桃比山东烟台等地提前成熟 8～10 天，具有很强的市场竞争力。

陕西大樱桃最早建园是在 20 世纪 80 年代中期，并于 20 世纪 90 年代末期大面积引种栽培，目前全省主要集中栽培区有西安灞桥区、蓝田县、长安区、周至县、户县、杨凌区，咸阳三原县，铜川新区、耀县，宝鸡陈仓区、眉县、渭滨区等地，总面积约 7 万亩，其中挂果面积不到 2 万亩，只占全省果树总面积的 0.4%。大多分散栽植，产量低、挂果少，一般建园后 4～5 年开始挂果，每亩平均产量较低。据统计，全省现有大樱桃栽植品种近 30 个，主要有红灯、意大利早红、拉宾斯、红艳、美早、岱红、芝罘红、早大果、大紫等。

樱桃树的整形上，目前主要分为小冠疏层形和多主枝自然开心形，而生产上比较先进的自由纺锤形采用较少。在生长季节，不摘心，少拉枝，任其生长，往往树体营养生长与生殖生长出现失调，造成大量抽条，成花少。一部分果园缺乏适宜的授粉树，或授粉树搭配比例不合适，花期又无人工授粉措施，导致坐果难，畸形果较多。

5. 北京地区 通州是北京市樱桃生产面积最大的区县，种植面积约 2 万亩，年产量 1.2 万吨，独有品种布拉是最先成熟的精品樱桃品种。

6. 河南及其他栽培地区 本区中河南种植面积较大。川、云、贵主要集中于高海拔造成的局域性小气候地区，这些地区也适合大樱桃种植。

二、大樱桃的气候、地理适应性与栽培区划

（一）大樱桃的生长发育特点

1. 根系 樱桃的根系主根不发达，主要由侧根向斜侧方向伸展。一般根系较浅，须根较多，但不同种类有一定差别。一般用作大樱桃砧木的马哈利樱桃、考特和山樱桃根系比较发达。中国樱桃根系较短，主要分布在5～30厘米深的土层中。砧木繁殖方法不同，根系生长发育的情况也不同。播种繁殖的砧木，垂直根比较发达，根系分布较深。用压条等方法繁殖的无性系砧木，一般垂直根不发达，水平根发育强健，须根多，固地性略差，在土壤中分布比较浅。土壤条件和管理水平对根系的生长也有明显的影响。土壤沙质、透气性好、土层深厚、管理水平高时，樱桃根量大、分布广，为丰产稳产打下基础；相反，如果土壤黏重、透气性差、土壤瘠薄、管理水平差时，根系则不发达，也影响地上部分的生长和结果。目前，生产上常将多效唑（PP_{333}）在土壤中施用，对樱桃根系的生长有抑制作用，从而控制地上部分旺长。但是多效唑如果用量过大时，能产生对根系的毒害，而很难恢复，甚至使部分根系死亡。嫁接的樱桃树根系易发生根蘖苗，常围绕树干丛生出大量根蘖苗，实际上这也是嫁接亲和力较差的一种表现。

2. 萌芽和开花 大樱桃对温度反映比较敏感，当日平均气温到10℃左右时，花芽开始萌动（烟台地区在3月中下旬，北京地区在4月初）；日平均气温达到15℃左右开始开花（烟台地区在4月15号前后，北京地区在4月10日左右），整个花期约10天。一般气温低时，花期稍晚，大树和弱树花期较早。同一棵树，花束状果枝和短果枝上的花先开，中、长果枝开花稍迟。同一朵花通常开

3天，其中开花第一天授粉坐果率最高，第二天次之，第三天最低。中国樱桃的花期比欧洲大樱桃早15天左右。

3. 新梢生长高峰期 叶芽萌动期，一般比花芽萌动期晚5～7天，叶芽萌发后有7天左右是新梢初生长期。开花期间，新梢基本停止生长。花谢后再转入迅速生长期。以后当果实发育进入成熟前的迅速膨大期，新梢则停止生长。果实成熟采收后，对于生长势比较强的树，新梢又一次迅速生长，到秋季还能长出秋梢。生长势比较弱的树，只有春梢一次生长。幼树营养生长比较旺盛，第一次生长高峰在5月上中旬，到6月上旬延缓生长，或停长；第二次在雨季之后，继续生长形成秋梢。

4. 果实成熟采收与花芽分化 花芽的生理分化期一般在当年樱桃成熟采收后10天左右开始，整个分化期历时40～45天完成。叶芽萌动后长成具有6～7片叶簇的新梢基部各节，其腋芽多分化为花芽，第二年结果，而开花后长出的新梢顶部各节，多不能分化为花芽。

烟台地区的大樱桃花芽分化期一般在6月末至7月上旬，7月中旬结束。据调查，在烟台的那翁品种花束状果枝花芽的生理分化期，主要集中在春梢停止生长、果实成熟采收后10天左右的时间里，而形态分化期在采后1～2个月的时间里进行。据观察，在花芽分化期适当的干旱会有利于分化成花芽，但过度干旱会导致双子果比例增加。

（二）大樱桃的环境条件要求

1. 温度 樱桃是喜温而不耐寒的落叶果树，中国樱桃原产于我国长江流域，适应温暖潮湿的气候，耐寒力较弱，故长江流域及北方小气候比较温暖地区栽培较多。大樱桃和酸樱桃原产于西亚和欧洲等地，适应比较凉爽干燥的气候。但夏季高温干燥对大樱桃生长不利。冬季最低温度不能低于－20℃，过低的温度会引起大枝纵裂和流胶。冬季低温常在－15℃的地区要注意防寒。一年中要求日平均气温10℃以上的时间在150～200天。

大樱桃春季开花早，早霜冻是近年来影响樱桃产量的最大杀手。花期不同阶段耐受低温的幅度不同：花蕾期为－5.5～－1.7℃，开花和幼果期为－2.8～－1.1℃。另外，降温的速度也至关重要，气温急剧下降花芽冻害率可达96%～98%，缓慢下降时则只有3%～5%。如果一个地区有发生经常霜害的可能性，果树生产者就应慎重考虑该地区的生产可行性，但是也难找到一个果园完全不遭受短暂的霜害。近几年，烟台地区平均5年内只有3年好收成，其他两年可能全部或部分的受晚霜或冬冻而损失掉。大水域可缓和沿岸600米之内果园的春季霜害。同时如位于山之北侧或较高的地点，推迟芽的发育也会有避霜效果。

2. 水分 樱桃对水分状况很敏感，既不抗旱，也不耐涝。从世界各国大樱桃的栽培分布区来看，大都选在靠近水系流域或近沿海地带。我国大樱桃的主要栽培区目前多分布在渤海湾的山东烟台、辽宁大连等地，这两地靠近海，年降水量为600～900毫米，空气也比较湿润。但这并不能限制降水量少的地区栽培大樱桃，像美国大樱桃生产区华盛顿州的雅基玛和韦纳契，年降水量不超过250毫米，生长季降水量不超过150毫米。乌克兰大樱桃产区主要分布在靠黑海沿岸的夏天干旱地区，年降水量不超过300毫米，7～9月很少降雨，但这些地区温度适宜，光照充足，有良好的灌溉条件，大樱桃生长好，而且优质、高产。樱桃和其他核果类一样，根系要求较高含量的氧气，如果土壤水分过多，氧气不足，将影响根系的正常呼吸，树体不能正常地生长和发育，引起烂根、流胶，严重时将导致树体死亡。如果雨水大而没及时排涝，樱桃树浸在水中2天，叶子即萎蔫，但不脱落，叶子萎蔫不能恢复甚至引起全树死亡。

3. 强风 如果大风经常持续不停，对樱桃园不利。果实成熟期经常有风会造成风摩，严重影响外观质量。如风向持续刮向一方，则药剂喷布不好。开花期有干热风，会影响坐果，常降低产量。另外，幼树还因受强风驱动使树趋向"偏冠"，结果树冠失去平衡，当丰产时易造成劈枝。

4. 冰雹 冰雹对果树栽培上所造成的危害，不比晚霜小，冰雹砸伤果实，降低等级，甚至完全无收，并打破叶片，损坏树皮，相互撞伤，一般影响生长。历史上常有雹灾地区的生产者，需十分注意。

（三）中国大樱桃栽培区划

中国适于栽培大樱桃的区域既广阔，又受限。一般说，在年平均气温 11～15℃，冬季低温 1 000 小时以上，极端低温不低于－15℃，年降水量 500～900 毫米的地区，都适于大樱桃露地栽培。但与其他树种相比，大樱桃对生态条件的要求更严格，如忌干旱、大风，不耐瘠薄，不抗湿涝，不耐盐碱，花期早，易受霜冻，成熟期怕阴雨连绵。必须选择高燥无积涝，且有灌溉条件的沙壤土地栽植。

1. 渤海湾沿海产区 该地区包括山东半岛的烟台、潍坊及威海，辽南的大连（主要包括普兰店及瓦房店、庄河等县市）、辽西的锦州以及冀东的秦皇岛等地。该区域主要为丘陵山地，土壤以宗壤森林土为主，土质瘠薄。中性或微酸性，pH 7 左右；年平均气温 9～12℃，冬季最冷月平均气温－5～－1℃，少数地区、个别年份可达－10℃以下；夏季最热月平均气温 25℃。春季气温回升慢，花期较晚。有效积温 3 500～4 000℃，年降水量 600～800 毫米。该地区区位、气候和土壤特点完全满足大樱桃生长发育的需要，是我国大樱桃的最佳宜栽区，也是我国目前大樱桃的最集中产区，其面积和产量占全国总面积的 80％以上。但该地区的大樱桃生产中目前有两个问题必须注意。一是由于靠近沿海，春季气温回升慢，花期和花后幼果期易受春霜冻或倒春寒的影响，在有的年份可引起减产甚至绝收。对这一问题的解决主要是建园时注意选好园址。第二个问题是采收期的 6～7 月份遇雨造成雨裂，烟台的个别年份那翁裂果率可达 70％。

2. 渤海湾内陆产区 主要包括山东的中南部、河北中部及北京市。该区栽培有规模的主要有山东的泰安地区、北京的郊区县市

等。这一地区的土壤多以沙壤土或褐土为主。受大陆性气候影响，年平均气温10～13℃，一月份平均气温－3℃上下，7月份26～27℃，有效积温3 000～4 500℃，年降水量600～700毫米。该地区在我国大樱桃栽培中所占比重较小。生产中应注意选择果园的地址，最好选在背风向阳的坡地，以防止冬季气温过低对枝条和根颈造成的冻害。

3. 陇海铁路沿线东段产区 该地区主要围绕北纬35°线两侧的陇海铁路沿线一带。代表性集中产区有河南的郑州、新郑、江苏的徐州及陕西的西安、杨凌、周至、眉县、长安、礼泉户县及宝鸡等地，在甘肃的天水一带也有引种栽培。据报道，在郑州和陕西汉中一带至今尚有原始的樱桃林，说明这些地区的土壤、气候特点也适合樱桃的生长发育要求。郑州地区土壤以冲积沙土为主。有机质含量低，pH 7～8，年平均气温13～15℃，年降水量650～1 000毫米，年日照2 200～2 500小时。秦岭地区地势较高，海拔高度一般在400～800米，大部分地区的年平均气温为13～14℃，年降水量600毫米左右。

4. 西南高海拔特早熟栽培区 包括四川、云南适宜气候条件下的高海拔地区。此地区大樱桃的成熟期可提前到4月底至5月初，并且果实品质特优。该地区正处于示范试栽阶段。四川阿坝藏族羌族自治州露地栽培的大樱桃，售价50～60元/千克。另外，新疆南部和冷凉地区进行保护地栽培区，虽然栽培面积小，却可获极高的效益。

三、目前大樱桃主栽品种与砧木评价

（一）主栽品种特性与评价

1. 中国大樱桃品种发展史 据专家考证，1861年美国长老会成员约翰·倪维思（John L Nevius）受长老会的派遣，由上海到达山东登州（今山东蓬莱市）。越年，倪妻患病，在当地医治不愈，遂于1864年返美。1871年倪氏夫妇重返烟台，带来了西洋苹果、洋梨、美洲葡萄、欧洲李及大樱桃等众多果树品种，在烟台毓璜顶东南山麓建园种植，取名“广兴果园”，这是我国最早引进栽培大樱桃的记录。随后于1880—1885年，华侨引进了那翁、大紫等品种在烟台栽培，从此开创了我国大樱桃种植的历史纪元。但是从19世纪80年代引进大樱桃到20世纪80年代初的100多年间，我国的大樱桃栽培发展极为缓慢，地域集中于渤海湾的烟台、大连一带，面积和产量均少之又少，品种主要以早紫（Early Purple Guigne）、那翁（Nepoleon Bigarreau）、黄玉、大紫（Black Tartarin）、鸡心（Black Eagle）等一些老品种为主，大樱桃仅作为果树家族中的小杂果而存在。

直到改革开放前，我国大樱桃栽培品种仅有大紫、那翁、小紫、黄玉、鸡心、水晶、宾库等少量几个。山东于1957—1962年进行过樱桃资源普查，1980—1982年进行了复查、核对，共有大紫、那翁、红丰、水晶等13个大樱桃品种；砧木主要有中国樱桃、酸樱桃，通过压条或种子繁殖。

我国大樱桃的暴发性发展始于20世纪80年代，由于国家实行改革开放的政策，对外交流的机会增多，烟台果树研究所于1988年2月从加拿大农业部夏地农业试验站引进了9个大樱桃新品种接

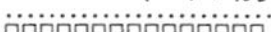

穗，分别是斯太拉（Stella）、兰勃特（Lambert）、宾库（Bing）、拉宾斯（Lapins）、Sue 萨姆（Sam）、斯巴克里（Sparkle）、先锋（Van）及 Canindex。这些当时国外最新品种的引入丰富了我国大樱桃品种的组成，特别是拉宾斯、先锋、宾库及斯太拉等大果、优质、深紫色、成花易、产量高的优良品种在其后我国的大樱桃栽培中占据了很大比重。1995 年烟台市芝罘区农林局又引进了萨米特（Summit）、艳阳（Sunburst）、雷尼（Rainier）等品种。这两次大规模引进后，使我国的大樱桃品种迅速与国际接轨，极大地促进了我国大樱桃的发展，并使我国的大樱桃栽培面积和产量上升到世界的前列。

同时，全国不少科研单位和大学等加大种质资源引种力度，从加拿大、日本、美国、乌克兰、俄罗斯、德国、匈牙利、意大利、澳大利亚等国家先后引进了大量品种资源，截至目前引进保存品种约有 200 份，在泰安、烟台、郑州、大连等地建立了资源圃。引进种质后，各单位相继开展了品种鉴评和遗传多样性分析，明确了品种间的亲缘关系。通过引种试栽和区域化试验，筛选出了一批优良品种进行推广（表 2）。

表 2　我国引进选出的大樱桃品种

品种	引进国家	引种单位	引种年份	备　注
莫利	意大利	烟台市芝罘区	1990	1998 年通过山东省审定
斯太拉	加拿大	烟台市农业科学院果树研究所	1988	2004 年通过山东省审定
先锋	加拿大	烟台市农业科学院果树研究所	1988	2004 年通过山东省审定
拉宾斯	加拿大	烟台市农业科学院果树研究所	1988	2004 年通过山东省审定
萨姆	加拿大	烟台市农业科学院果树研究所	1988	2004 年通过山东省审定
斯帕克里	加拿大	烟台市农业科学院果树研究所	1988	2004 年通过山东省审定
萨米特	加拿大	烟台市农业科学院果树研究所	1988	2006 年通过山东省审定
早生凡	加拿大	烟台市农业科学院果树研究所	1989	2006 年通过山东省审定
美早	美国	烟台市农业科学院果树研究所		2006 年通过山东省审定
布鲁克斯	美国	山东省果树研究所	1994	2007 年通过山东省审定

（续）

品种	引进国家	引种单位	引种年份	备　注
红宝石	美国	山东省果树研究所	1994	2007年通过山东省审定
早大果	乌克兰	山东省果树研究所	1997	2007年通过山东省审定
友谊	乌克兰	山东省果树研究所	1997	2007年通过山东省审定
胜利	乌克兰	山东省果树研究所	1997	2007年通过山东省审定
莱州早红	美国	山东省莱州市果树站	1999	
莱州脆	美国	山东省莱州市果树站	1999	
艳阳	加拿大	西北农林科技大学		2007年通过陕西省审定

引自孙玉刚等2008年资料。

除引选种外，各单位还开展了自主选育研究。自20世纪60年代起，大连市农业科学研究院通过人工杂交先后育成红灯、佳红等品种。原烟台市农林局通过自然实生选种于1979年选出了芝罘红、红丰、晚红、晚黄、烟台1号等品种。中国农业科学院郑州果树研究所1996年用那翁和大紫杂交育成龙冠。西北农林科技大学从兰伯特的自然突变优系中选出秦樱1号。山东农业大学从大紫的实生苗中选出岱红，丰富了大樱桃种质资源。我国育成的大樱桃品种一览表（表3）。

表3　我国育成大樱桃品种

品种	培育单位	育成时间	亲　本	备　注
红灯	大连市农业科学研究所	1973	那翁×黄玉	
红艳	大连市农业科学研究所	1973	那翁×黄玉	
红蜜	大连市农业科学研究所	1973	那翁×黄玉	
巨红	大连市农业科学研究所	1973	那翁×黄玉	
佳红	大连市农业科学研究所	1978	宾库×香蕉	
8-102	大连市农业科学研究所	—	宾库×日出	2007年山东省审定
芝罘红	烟台市农林局	1979	自然实生选种	1998年山东省审定
红丰	烟台市农林局	1979	自然实生选种	
晚红	烟台市农林局	1979	自然实生选种	

（续）

品种	培育单位	育成时间	亲　本	备　注
晚黄	烟台市农林局	1979	自然实生选种	
烟台 1 号	烟台市农林局	1979	自然实生选种	
龙冠	中国农业科学院郑州果树所	1996	那翁×大紫	1996 年河南省审定
岱红	山东农业大学	2002	父本不详×大紫	2002 年山东省审定
秦樱 1 号	西北农林科技大学	—	勃兰特突变优系	2005 年陕西省审定
吉美	西北农林科技大学	—	自然杂交	2007 年陕西省审定
砂蜜豆	烟台市农业科学院果树研究所	—	突变优系	2007 年山东省审定
晶玲	山西省农业科学院果树所	2008	友谊自然变异	2008 年山西省审定

引自孙玉刚等 2008 年资料。

远缘杂交是创造种质新类型和新品种的重要途径。山东农业大学、东北农业大学以大樱桃和樱亚属中的其他种为试材进行了远缘杂交，利用胚抢救技术克服了胚败育，获得了大樱桃杂交种质，建立起大樱桃 S 基因型 PCR 鉴定技术体系，用于杂交种质的早期分子鉴定。在生物技术育种方面，山东省果树研究所、辽宁师范大学还建立起叶片离体再生及农杆菌介导遗传转化系统，将 *gus* 及抗菌肽基因导入樱桃矮化砧木，获得转化株系。

2. 目前中国的主栽品种介绍与评价

（1）红灯。大连市农业科学研究所 1973 年育成的一个大樱桃品种，其杂交亲本为那翁×黄玉。在辽宁、河北及山东各地均有栽培，我国西北地区也已引种试栽，是仅次于大紫的重要早熟品种。果个大，平均单果重 9.6 克，最大果达 12 克；果实肾脏形，果梗粗短；果皮红至紫红色，富有光泽，色泽艳丽，外形美观；果肉淡黄、半软，汁多，甜酸适口，可溶性固形物多为 14%～15%，可溶性糖 14.48%，每 100 克果肉中维生素 C 的含量为 16.89 毫克，干物重 20.1%；核小、半离核，可食部分达 92.9%。成熟期较早，在大紫采收的后期开始采收，山东半岛 5 月底至 6 月上旬成熟，鲁中南地区 5 月下旬成熟。

树势强健，幼树期直立性强，树姿半开张，1～2 年生枝直立粗壮，进入结果期较晚，盛果期产量较高，萌芽率高，成枝力弱，外围新梢中短截后平均发长枝 4～5 个，中下部花芽萌发后多形成叶丛枝，但幼树当年的叶丛枝不易成花，随着树龄的增长转化为花束状短果枝。由于其生长发育特性较旺，一般 4～5 年开始结果，初果年限较长，到盛果期以后，大量形成花束状短果枝，这时生长和结果趋于稳定，结实率在 60%以上。叶片特大，椭圆形、较宽，长 17 厘米、宽 9 厘米，叶片厚，深绿色，在新梢上呈下垂状着生是其典型特征，适宜的授粉品种有大紫、巨红、那翁、宾库、红蜜等。

该品种的最大优点是果实个大，色泽艳丽，成熟期较早，较耐储运，市场竞争力强，颇受果农及消费者欢迎。其缺点是因幼树长势过旺，侧枝难于发出来。许多果农栽后数年形成的树树体高大，侧枝稀少，树冠空，难于形成结果枝组，导致 5～6 年才少有结果，且产量低，效益差。

克服的方法之一是在栽植的前期，第一年重点培育主干，主干上不留条，到 1.4～1.5 米后，在主干上重度刻芽，发出条后极重短截，留基部的弱芽、两侧芽，这样每年短截、刻芽促发大量侧枝。另外，控制肥料的使用以减弱树势以便提前结果。这样在第四年即可成花、结果。

另外，山东莱州的任德祥发明了一种新方法，即在红灯树冠 1.5 米以上的部位高接佐滕锦，后者对红灯授粉效果较好，对红灯过旺的长势也有缓和作用，结果是佐滕锦果个增大，红灯坐果率大幅提高，红灯采收完后再采佐滕锦，因成熟期一致，一次采完，减缓了用工紧张，一举两得。

（2）岱红。山东农业大学 2002 年从大紫中选出，父本不详。平均果个为 3.27 厘米×2.75 厘米。平均单果重 11 克，大果重 14.2 克，圆心脏形，果形端正整齐，短果柄，平均长为 2.24 厘米；果皮鲜红至紫红色，富有光泽，色泽艳丽。果肉粉红色，近核处紫红色；果肉半硬，可溶性固形物 14.85%，味甜可口，核小、

离核，不裂果，早丰产。果实发育期 33～35 天，在泰安 5 月初采收，5 月 13 号基本采收结束。成熟期比红灯早 5～7 天。在烟台 5 月 20 日成熟。第三年可结果，4 年生株产 12.5 千克。

岱红被认为是未来取代红灯的良好选择，其果实口感好于红灯。生长势较为缓和，比红灯成花容易，其抗病性与红灯相同。

（3）莫利。又称莫勒乌，俗称意大利早红。原产法国。该品种具有早熟、色艳、质优等特点，是综合性状优良的早熟大樱桃品种。1998 年通过山东省农作物品种审定委员会审定并定名为莫利。

该品种表现结果早、早熟，丰产、稳产，是大樱桃品种中颇具发展前途的品种之一。果实肾形，单果重 6～7 克。可溶性固形物 12.5%，果皮浓红色，完熟时为紫红色，有光泽。果肉红色，细嫩、肥厚多汁，风味酸甜，硬度适中，离核，品质中上。果柄中短，很少裂果。

该品种树势强健，幼树生长快，枝条粗壮，节间短，花芽大而饱满，一般定植 3 年结果，5 年可进入丰产期。多数新梢可发二次枝，树姿较开张。叶片大而长，呈三角状；叶片浓绿，有皱褶。抗旱、抗寒性强。丰产。进入盛果期较晚。花期中晚，以花束状果枝和短果枝结果为主，花量大，自花结实率低，可配适量的红灯、芝罘红、拉宾斯、先锋、萨米特等品种作授粉树。烟台市 5 月下旬成熟，与红灯相近，成熟期较整齐。该品种的不足之处是果个略小，口感也稍淡。

（4）早大果。乌克兰农业科学院灌溉园艺研究所用拿破仑×（瓦列利、热布列、艾里顿的混合花粉）杂交育成。大果型优良新品种。果个大，平均单果重 11～13 克，果色艳丽美观，果实初熟期果面鲜红色，逐渐变为紫红色，8～10 天变为紫黑色。果面蜡质层厚，晶莹光亮有透明感。果实阔心脏形，缝合线紫黑色，果顶下处有一明显隆起。梗洼较浅、中广。果柄中长、中粗。果肉紫红色。果皮较厚，果肉较软，半离核，汁多味美，酸甜可口，可溶性固形物 16.8%，品质上等。该品种自花不实，授粉品种为奇好、法兰西斯等。树体大，应及早采取控冠措施。

树冠开张，枝条细软，新梢基部斜上方向至水平方向生长，有些新梢前端呈斜下方向生长，有利于整形修剪，是区别于其他品种的重要特性。叶片长椭圆形，较厚，叶色深绿，锯齿较钝，先端锐尖。容易成花，结果早而丰产。夏季高接的树，第二年即形成花芽，第三年开始多量结果。对冻害的抗性较强。在同一园中，花期较红灯晚 4～5 天，而果实成熟期却比红灯早 4～6 天，果实生育期为 32～35 天。适合于在早春温度高的地方或保护地栽培。

栽培中应注意选择授粉树的配置，考虑亲和性和花期相遇两个因素同时具备。这样果个比较整齐，成熟期也较一致，极少有双果现象，优质果率较高。

该品种果实成熟后在树上可挂果 15 天，硬度不变。晚采时果实紫红色，表面光泽度不是很好。自然裂果率较高，采前遇小雨也会引起果实裂小口。

（5）美早（Tieton）。美国华盛顿州立大学灌溉农业推广中心育成的大樱桃新品种。1971 年杂交，其亲本为斯太拉×早布瑞特（Early Burlat）。原代号为 PC7144－6，后命名为 Tieton。于 20 世纪 90 年代末由大连引入，定名为美早。

在华盛顿州普罗比（Prosser）对该品种进行了初步试验。1978 年春又重新定植于该中心的 Roza Unit 区继续试验。1982 年结果，20 世纪 90 年代开始推广。1998 年华盛顿大学研究基金会以大樱桃品种 PC7144－6 向美国专利局申请专利，发明人为 Thoms K。该品种的特点为早实、果个极大、硬度高、早熟，比宾库早熟 6～9 天，抗皱叶病。该品种抗裂果能力、耐寒性及需冷量与宾库相同。果实硬度和早熟性等符合出口要求，潜在市场价值较高。该品种树体高大，长势健旺，树姿开张。嫁接在马扎德砧木上的 6 年生树，树高和冠径均到达 4.9 米，每年枝条的平均生长量为 66 厘米。短枝丛生，嫁接在乔化砧上的 5 年生树产量为 7 千克，6 年生为 9 千克。因此，在美国有 88.3%用矮化的吉塞拉 5 号和吉塞拉 6 号作砧木，以提早结果，提高产量和减少生长量。

果个大，平均单果重 10～14 克；果实阔心脏形，缝合线浅，

深红色。果实大小一致，果顶稍平；果肩圆形；果柄粗、短，长度为2.5～3厘米，浅绿色。果皮中厚，硬度大、脆，含纤维少，成熟期一致。味甜，低酸。汁液浅红色，香气较淡，鲜食品质极佳。耐贮运。抗寒、抗病虫、抗皱叶病。

引入我国后在各地表现优异，栽培面积迅速扩大，已成为中早熟品种的首选。但该品种的最大缺点是成熟期遇雨裂果重，早采时口味略显酸涩，对细菌性溃疡病也较敏感。

（6）萨米特（Summit）。1957年由加拿大哥伦比亚省农业与农食研究中心用先锋×Sam育成。1988年山东烟台果树所引入。果实长心脏形，果顶尖，缝合线明显，果实一侧较平。果实特大，平均单果重12.8克，果实初熟时为鲜红色，完熟时为紫红色，果皮上有稀疏的小果点，色泽亮丽。果肉红色，肉脆多汁，含可溶性固形物18%，可滴定酸0.52%。风味浓郁，甜酸适口，品质佳。果柄特长，抗裂果，抗寒与先锋相同。成熟期较先锋晚2天，为中晚熟优良品种。

生长结果习性：幼树树势强健，生长旺盛，枝条直立，萌芽力、成枝力强。结果后树势稳定，树冠较开张。长、中、短果枝均能结果，以短果枝结果为主。早果性较好，丰产性一般。

物候期：在烟台地区4月15日前后开花，6月15日左右成熟。在大连地区，4月下旬始花，5月初盛花，花期10天左右。5月下旬果实膨大，6月下旬果实成熟，果实生育期60天左右，10月末落叶。

栽培技术要点：定植前选择好授粉树，选择与其授粉亲和力好，花期相遇的品种。授粉树的配置数量为1∶3或1∶4。株行距采用3米×4米。定植后定干高度在60～80厘米。采用大樱桃早产早丰高效栽培管理技术，改冬剪为主为夏剪为主的整形修剪方式，适时剪梢，多方向大角度拉枝，反复摘心促枝成花，培养大量结果枝组。丰产树的短果枝和花束果枝要占总枝量的50%～70%。夏季修剪对幼树格外重要，对徒长枝、背上枝可扭梢，对结果枝要控制其前部生长，采用扭梢、摘心等方法，使养分多向果实转移。

缺点是挂果过多时果个明显变小，树体衰落快。有的年份经长期贮藏后果面易出现凹陷。

（7）芝罘红。原名烟台红樱桃。果实宽心脏形；平均单果重8.1克，最大者9.5克；果皮鲜红色，有光泽；果肉较硬，浅粉红色；果汁较多。酸甜适口，含可溶性固形物16.9%，风味佳、品质上；果实不易剥离，离核，核小，可食率达93.3%。以花束状果枝和短果枝结果为主；长、中、短果枝结果能力均强，丰产性强。在山东烟台，果实5月底至6月初成熟，成熟期较整齐，一般需2～3次采收。

（8）佐滕锦。日本品种，佐藤锦是日本山形县东根市的佐藤荣助用黄玉×那翁杂交而成，1928年中岛天香园命名为佐藤锦。几十年来，为日本最主要的栽培品种。1986年由烟台、威海引进。该品种为硬肉、鲜食、丰产优良品种，属黄色品系，果实中大，平均单果重7～8克，果实短心脏形，黄色底上着鲜红色，果面光泽美丽，果肉白色，甜味浓，酸味少，风味浓郁，可溶性固形物18%。树势旺，树姿直立，结果稳定丰产。成熟期为6月上中旬，比那翁早5天，果实发育期为50～55天。花粉多，是一个优良的授粉品种。耐贮运，成熟期遇雨裂果较轻，是大樱桃品种中品质最好者之一。

佐滕锦树势中庸，树姿开张，易于成花，丰产性好。佐藤锦适应性强，在山丘地砾质壤土和沙壤土栽培，生长结果良好。特别是果实成熟期一致，可一次性采收完毕，省工省时。

（9）拉宾斯（Lapins）。加拿大品种。是由加拿大夏地农业研究所于1965年用先锋（van）×斯坦勒（stella）杂交育成。目前在世界范围内栽培量较多。本品种为自花结实的晚熟品种，是加拿大重点推广品种之一。1988年引入烟台。

果形近圆形或卵圆形。果实大，平均单果重10.6克，最大果重12克。果梗中长中粗。成熟时果皮紫红色，有诱人的光泽，美观，果皮厚而韧，果肉深红色，肥厚。含可溶性固形物17.8%。可滴定酸含量0.45%，果肉较硬汁多，充分成熟时可溶性固型物

高达20%以上，风味特佳，品质上。烟台6月下旬成熟。成熟时果柄不易脱离，可适当晚采；果柄脱水较迟，不易萎蔫。

该品种树势健壮，树姿较直立，侧枝发育良好，树体具有良好的结实结构。较耐寒。自花结实，花粉量大，可向同花期的任何品种授粉，是一个广泛的花粉授体。早实性和丰产性突出，且连年高产，抗裂果。

在加拿大是公认的优良大樱桃品种，在中国各地的种植表现良好，主要问题是我们普遍采收过早，没有表现出其应有的大型果特点和优质的果实风味，在国外拉宾斯被称为“一口樱桃”，说明其果个大到一次只能吃一个樱桃。

其缺点是如果产量过高，口味变差。采收过晚时出现大量果柄脱落现象，影响商品价值。另外该品种在中国初次引入时搞混了，现在有名不符实的问题。

（10）宾库（Bing）。原产于美国。1875年美国俄勒冈州从串珠樱桃的实生苗中选出。100多年来成为美国和加拿大栽培最多的一个大樱桃品种。1982年从加拿大引入山东省果树研究所。1983年郑州果树研究所又从美国引入，目前在我国有一定的发展。该品种树势强健，枝条直立，树冠大，树姿开展，花束状结果枝占多数。丰产，适应性强。叶片大，倒卵状椭圆形。果实较大，平均单果重7.6克，大果11克；果实宽心脏形，梗洼宽深，果顶平，近梗洼外缝合线侧有短深沟；果梗粗短，果皮浓红色至紫红色，外形美观，果皮厚而韧；果肉粉红，质地脆硬，汁较多，淡红色，离核，核小，甜酸适度，品质上等。烟台成熟期在6月中旬，采前遇雨有裂果现象。适宜的授粉品种有大紫、先锋、红灯、拉宾斯等。

该品种树势强健，树姿较开张，树冠大，枝条粗壮，叶片大，以花束状果枝和短果枝结果为主。适应性较强，丰产，耐贮运。

（11）雷尼（Rainer）。美国华盛顿州农业实验站用宾库×先锋杂交育成的品种，因当地有一座雷尼山，故命名为雷尼。现在为该州的第二主栽品种。1995年由烟台市芝罘区农林局引入我国，在烟台试栽后表现良好。该品种花量大，也是很好的授粉品种。该品种树势强健，枝条粗壮，节间短，树冠紧凑，枝条直立，分枝力较弱，以短果枝及花束状枝结果为主。早期丰产，栽后3年结果，5～6年进入盛果期，5年生树株产能达20千克。果实大型，平均单果重8克，最大果重达12克；果实心脏形，果皮底色为黄色，富鲜红色红晕，在光照好的部位可全面红色，十分艳丽、美观；果肉白色，质地较硬，可溶性固形物含量达15%～17%，风味好，品质佳；离核，核小，可食部分达93%。耐贮运，生食加工皆宜。成熟期在6月上中旬。

该品种果个大，酸甜浓郁，酸味较重，其口味东方人略感酸。采收前遇雨裂果较重。果实密集簇生，有时果实之间有积压现象。

(12) 先锋（Van）。1988年烟台果树所从加拿大引进。果个大，果实心脏形，紫红色，果肉玫瑰红色，肉质脆硬，汁多，品质佳。可以放保鲜库，平均单果重8.5克，大者可达10.5克，花粉多，是一个极好的授粉品种，在烟台6月中下旬成熟，较抗裂果，丰产性极好，是一个值得推广的中熟优良品种。

(二) 砧木特性与评价

大樱桃的砧木对大樱桃品种的影响是多方面的，即影响其早果性、丰产性、果实大小、果实品质等生长发育习性，也影响其抗逆性和树体寿命，生产中出现的一些流胶、园相不整等问题也与砧木品种有相当大的关系，因此，选择合适的砧木在大樱桃栽培实践中具有非常重要的意义。

但长期以来，我国的大樱桃砧木主要以中国樱桃中的大叶草樱桃为主，不管品种的长势强弱，生产上都用它，当与长势强旺的品种如红灯、萨米特等嫁接培育成苗木时会延缓这些品种成花的时间，导致结果晚、产量低。这也反映了我国大樱桃砧木研究和发展的落后现状。自20世纪80年代山东临朐引进英国东茂林实验站的考特（Colt），并大量繁殖用于苗木培育，才开始了国外砧木引进和国内选育的进程。随着生产的发展，砧木越来越受到重视。目前除中国樱桃、山樱桃等作砧木外，我国已广泛引进和培育了大量的

优良砧木。山东省果树研究所从美国引进吉塞拉系列砧木，选出吉塞拉 5 号、吉塞拉 6 号矮化砧木；中国农业科学院郑州果树研究所从意大利引进 CAB－6p 和 CAB－11E，选出半矮化砧木 ZY－1，矮化作用优于考特；西北农林科技大学自马哈利樱桃自然杂交后代中选出半矮化砧木 CDR－1；烟台高新区大樱桃砧木研究所从大叶型草樱桃中选出大青叶砧木。对部分砧木品种的抗性进行试验，结果表明，吉塞拉 5 号、吉塞拉 6 号较耐涝；莱阳矮樱桃、吉塞拉 5 号较耐盐碱；山樱桃、吉塞拉 5 号较耐旱；吉塞拉 5 号抗寒性最强。

1. 吉塞拉 5 号矮化砧木 吉塞拉系列大樱桃矮化砧木于 20 世纪 60 年代由德国培育。是由酸樱桃（*Prunus cerasus*）、大樱桃（*P. avium*）、灰毛叶樱桃（*P. canescens*）和灌木樱桃（*P. fruticosa*）等几种樱属植物间进行种间杂交而得。目前在欧洲、北美（美国和加拿大）等已有广泛应用。

吉塞拉 5 号，亲本为酸樱桃×灰毛叶樱桃。吉塞拉 5 号砧大樱桃树体大小仅为马扎德的 45%，树体开张，分枝基角大。该种砧木抗樱属坏死环斑病毒（PNRSV）和洋李矮缩病毒（PDV）。在黏土地上表现良好，萌蘖少。固地性能较差，必须设立支撑。

北美 NC－140 矮化大樱桃区域协作网对吉塞拉系列砧木的矮化效应、丰产性能、果实质量、适应性、抗病性、嫁接成活率及其他因子进行了十余年的研究。

（1）矮化性能。与马扎德砧木相比，吉塞拉 5 号树体大小相当于马扎德的 45%，吉塞拉 6 号树体大小相当于马扎德的 70%。生产和科研实践表明，大樱桃矮化程度以相当于马扎德的 40%～70%最佳，这种大小的树体节省劳力、设备、化学药品，也便于管理操作。

（2）丰产性能。与马扎德砧木相比，吉塞拉 5 号产量高 180%，吉塞拉 6 号产量高 120%。以栽后 4～10 年的累计产量推算，若马扎德砧木为 100 吨/公顷，吉塞拉 5 号为 242 吨/公顷，吉塞拉 6 号为 155 吨/公顷。国内有关专家所进行的试验表明，嫁接在吉塞拉 5 号砧上的 3 年生早丹收获 6 千克，而对照马扎德砧木上却只零星见果。

(3) 结实性能。吉塞拉5的嫁接树比马扎德砧的树体早投产1年。从栽培对照来看，吉塞拉5号砧木嫁接的品种，果实大小比一般砧木嫁接的品种大一些。

(4) 抗病性。吉塞拉5号对常见的樱桃细菌性、真菌性和病毒病害具有一定的抗性，包括根癌病（*Agrobaeterium tumefaciens*）、细菌性溃疡病（*Pseudomonas syringae*）（流胶病）、洋李矮缩病毒（PDV）病和樱属坏死环斑病毒（PNRSV）病。当然，这些观察还有待今后试验验证。

吉塞拉5号嫁接树存在的突出问题是砧负（小脚）现象严重，固土性较差，5、6年生的大樱桃树，接口上10厘米处粗度达15厘米，而接口下10厘米处粗度仅有5厘米，犹如马蜂腰，易倒伏，必须设立支柱，应用时要特别注意。

在我国樱桃园土壤有机质含量普遍较低，土质较差的条件下，吉塞拉6号可能更为合适。各地需做试验观察表现后再推广。

2. 考特（Colt） 考特亲本为马扎德×中国樱桃，由英国东茂林试验站培育。20世纪80年代中期引入我国。刚引进时认为是一个矮化砧木，后来观察表明其矮化形状不明显。该砧木长势较旺，根系发达，与大多数樱桃品种嫁接亲和，苗木整齐。烟台地区20世纪90年代引入并通过组织培养繁育苗木，有些果农反映生产上根癌病较重，但在潍坊、淄博一些地方应用考特作砧木的樱桃树龄已超过20年，至今树体长势较好，产量较高，在当地很受果农喜爱，而这种砧木在英国无相关报道。因此，考特砧木与樱桃根癌病的关系还无法经试验证实。

考特因长势较旺，育苗时与自花结实品种搭配更易成花、结果。

3. 中国樱桃 通称小樱桃，是我国普遍采用的一种砧木，北自辽南，南到云、贵、川各省都有分布，以山东、江苏、安徽、浙江为多。中国樱桃为小乔木或灌木，分蘖力很强，自花结实，适应性广，较耐干旱、瘠薄，但不抗涝，根系较浅，须根发达。作为砧

木，嫁接苗木根系的深浅、固地性大小、不同种类有所差别。种子数量多，出苗率高，同时扦插也较易生根，嫁接成活率高，进入结果期早，但由于根系浅遇大风易倒伏。中国樱桃较抗根癌病，但病毒病较严重。目前生产上常用的有以下几种。

（1）大叶草樱桃。大叶草樱桃是烟台地区常用的一种砧木。当地所用草樱桃有两种，一种是大叶草樱，另一种是小叶草樱。大叶草樱叶片大而厚，根系分布较深，毛根较少，粗根多，嫁接大樱桃后，固地性好，长势强，不易倒伏，抗逆性较强，寿命长。而小叶草樱叶片小而薄，分枝多根系浅，毛根多，粗根少，嫁接大樱桃后，固地性差，长势弱，易倒伏，而且抗逆性差，寿命短，不宜采用。

（2）莱阳矮樱桃。为20世纪80年代山东省莱阳市林业局对当地中国樱桃资源考察时发现的，1991年通过鉴定并命名。主要特点是树体矮小、紧凑，仅为普通型樱桃树冠大小的2/3。树势强健，树姿直立，分枝较多，节间短，叶片大而厚，果实产量高，品质好，当地也用作生产品种。

4. 马哈利　原产欧洲东部和南部，是欧美各国目前广泛采用的樱桃砧木，是一种标准的乔化大樱桃砧木。树高3～4米，树冠开张，根系发达，长势强旺。抗旱，但不耐涝，适宜在轻壤土中栽培。嫁接苗进入盛果期后，要控制产量，负载量过大时树势衰弱较快。

5. 砧木的抗涝性调查　经过调查，目前山东地区采用的大樱桃砧木中中国樱桃占80%左右，欧洲酸樱桃（毛把酸）占10%左右，考特（Colt）占5%左右，其他砧木占5%左右。刚引进的吉塞拉系列以及因耐寒在辽宁、河北省部分地区应用较多的山樱，所占比例较低。近几年来，烟台市科研人员深入到各个县市区及山东中部一些地区进行调查，发现大樱桃树的耐涝程度与砧木有关，用毛把酸作砧木的大樱桃树最抗涝，很少死树；其次为用考特作砧木的大樱桃树，抗涝性也较好，死树率4.5%；用中国樱桃（大叶品系）作砧木的大樱桃树，死树现象较严重，占22.3%；而用中国樱桃（小叶品系）作砧木的大樱桃树，抗涝性最差，死树占30.8%。

（三）花期与授粉

甜樱桃的授粉树搭配主要考虑两个因素，一是要考虑品种的授粉亲和性，二是要考虑品种间花期是否相遇。二者同等重要。

甜樱桃多数品种自花不实，即使是自花结实品种，配置授粉树后也能显著提高坐果率，增加产量。因此，在甜樱桃园中，只有配置足够数量的授粉树，才能满足授粉、结实的需要。生产实践表明，在一片樱桃园中，授粉品种最低不能少于30%，以3个主栽品种混栽，各为1/3为宜。果园面积较小时，授粉树要占40%～50%，这样才能满足授粉的需要。甜樱桃授粉品种配置主要遵循以下原则。

1. 授粉亲和性 应选择与主栽品种授粉亲和的品种为授粉品种。对已知S基因型的主栽品种，可以根据品种的S基因型来判断，应选用与主栽品种不在同一组群的品种作物授粉品种；对于未知S基因型的主栽品种，可以依据品种间亲缘关系的远近，选择关系远的品种，并经田间授粉试验确认为具有高亲和性的品种作为授粉品种。

甜樱桃授粉的亲和与否在遗传上由单个基因位点的一对S等位基因控制，目前甜樱桃已研究发现13个S基因位点（S_1～S_{13}），自交不亲和基因型组合22个（表4）。

表4 甜樱桃主要不亲和品种族群及基因型

不亲和组群	S基因型	品　种
Ⅰ	S_1S_2	萨米特（Summit）、斯帕克里（Sparkle）、大紫（Black Tartarian）、法兰西皇帝B（Emperor FrancisB）、巨早红
Ⅱ	S_1S_3	先锋（Van）、雷洁娜（Regina）、Gilpeck、Olympus、Sumba、Sonnet、Sumele
Ⅲ	S_3S_4	宾库（Bing）、那翁（Napoleon）、兰伯特（Lambert）、Ulstar、Yellow、Spanish、Star、法兰西皇帝（Emperor Franccis）、安吉拉（Angela）、Kristin、Somerst

（续）

不亲和组群	S基因型	品　种
Ⅳ	S_2S_3	伟格（Vega）、马苏德（Mashad）、林达（Linda）、Rubin、Sue、维克托（Victor）
Ⅴ	S_4S_5	Turkey Heart
Ⅵ	S_3S_6	黄玉（Governor Wood）、科迪亚（Kordia）、南阳（Nanyo）、佐藤锦（Sato-Nishiki）、红蜜、5-106、宇宙
Ⅶ	S_3S_5	海蒂芬根（Hedelfingen）
Ⅷ	S_2S_5	Vista
Ⅸ	S_1S_4	雷尼（Rainier）、塞艾维亚（Sylvia）、Black Giant、Viscount
Ⅹ	S_6S_9	8-102、Black Tartarian E
Ⅺ	S_2S_7	早紫（Eary Purple）
Ⅻ	S_5S_{13}	卡塔林（Katalin）、马格特（Margit）、萨姆（Sam）、斯克奈特（Schmidt）
ⅩⅢ	S_2S_4	维克（Vic）、莫愁（Merchant）
ⅩⅣ	S_1S_5	Annabella
ⅩⅤ	S_5S_6	Coloney
ⅩⅥ	S_3S_9	红灯、布莱特（Bigarreau Burlat）、莫莉（Bigarreau Moreau）、莱州早红（Chelan）、美早（Tieton）、早红宝石、抉择、红艳
ⅩⅦ	S_4S_6	佳红、京选1号、北2-2
ⅩⅧ	S_1S_9	早大果、奇好、友谊、极佳（Valerij Cskalov）
ⅩⅨ	S_3S_{13}	Wellington A
ⅩⅩ	S_1S_6	红清（Beni-Sayaka）、Mermat
ⅩⅩⅠ	S_4S_9	龙冠、巨红、8-129
ⅩⅩⅡ	S_3S_{12}	Princess、施奈德斯（Schneiders）

引自孙玉刚等2008年资料。

一些甜樱桃园虽然搭配了不同的品种进行授粉，但结实率仍然较低，主要原因是授粉树与主栽品种的S基因型相同，属于相同的不亲和组群。目前生产上主栽品种红灯、布莱特、莫莉、美早、莱州早红、早红宝石等品种的S基因型为S_3S_9，相互授粉不结实；奇好、早大果、友谊、极佳4个品种的S基因型同为S_1S_9，相互授粉不结实，必需配置其他S基因型的授粉品种才能保证较高的坐果率。

2. 花期相遇　甜樱桃开花时期的早晚品种间有较大差异，开花早与开花晚的品种之间花期相差5～12天，在确定授粉品种时，应考虑各品种开花期的早晚，授粉品种与主栽品种的花期应一致，或者比主栽品种早1～2天开花，这样才不至于误过最佳授粉期。大樱桃的花期由品种特性及当时的天气情况决定，同一品种又会因树龄、树势及果枝类型而有所差异。有的年份会出现早花和晚花品种几乎同时开放，这是因为花的发育过程都已完成，只是当时的气温太低都未开，一旦气温回升则同时开放。正常状态下不同品种的花期不同，分类如下：

特早花品种：红密、红艳、大紫、那翁。

早花品种：红灯、13－38、佐滕锦、拉宾斯、甜心（Sweetheart）、意大利早红、桑提那（Santina）。

中花品种：宾库、先锋、雷尼、斯太拉、烟台1号。

晚花品种：早大果、友谊、胜利、艳阳、萨米特、Sonata、Sylvia等。

以上分类不同类型之间的花期相差1～2天。仅供参考。

3. 利用壁蜂提高樱桃授粉率　壁蜂是独栖性野生花蜂，是苹果、樱桃等果树的重要传粉昆虫。我国壁蜂种类主要有角额壁蜂、凹唇壁蜂、紫壁蜂、叉壁蜂和壮壁蜂等。中国农业科学院生物防治研究所于20世纪80年代首先从日本引进角额壁蜂，经在河北、山东省沿海果区试验取得良好的授粉效果，以后又在国内采集利用凹唇壁蜂、紫壁蜂等获得成功。

（1）壁蜂的分布及其生活周期。壁蜂隶属于膜翅目蜜蜂总科切叶蜂科壁蜂属，多数种类行独栖生活，但有群体活动的习性。全世

界有70余种，除澳洲和新西兰外，世界各地均有分布。我国北方果区已收集到5种壁蜂，凹唇壁蜂、紫壁蜂、角额壁蜂、壮壁蜂和叉壁蜂，其中凹唇壁蜂分布最广，在山东、河南、河北、山西、陕西、江苏、辽宁等地均有分布。角额壁蜂和紫壁蜂主要分布在渤海湾地区，陕西和四川等地多为叉壁蜂。山东省壁蜂资源丰富，凹唇壁蜂、紫壁蜂和角额壁蜂均有分布，胶东半岛气候适合壁蜂繁育，是我国壁蜂繁育基地之一。

凹唇壁蜂、紫壁蜂、角额壁蜂、叉壁蜂和壮壁蜂5种壁蜂均为1年1代，卵、幼虫、蛹在巢管内茧中生长发育。卵期8～16天，平均12天左右；幼虫期13～33天，平均19天左右；前蛹期60～65天，蛹期15～25天。成虫在自然界活动时间为35～50天，角额壁蜂成虫在8月中下旬羽化，凹唇壁蜂、紫壁蜂在8月下旬至9月上旬羽化，成虫羽化后仍在茧内，以专性滞育状态越秋、越冬，经0～8℃低温处理2～3个月可解除其滞育。壁蜂一生在巢管中生活300余天，其中成虫的滞育时间为160～190天，不需人工饲养，并可躲避夏、秋季果园大量用药季节，便于果农保管利用。

（2）成虫滞育与破茧出巢。壁蜂属专一滞育性昆虫，其幼虫、预蛹和蛹均生活在长日照环境下，而成虫羽化时已由长日照转为短日照。为此，8～9月份陆续羽化的成虫就进入滞育状态，在茧内过秋、冬两季。滞育成虫对冬季低温有较强的忍耐力，在－17～－14℃下对成虫均无不良影响。一旦解除滞育的时间均在2月下旬左右，因此3～4月份若要调节壁蜂成虫出巢时间，应提前将蜂茧放在0～4℃条件下冷藏较为安全，但温度不能低于0℃。

壁蜂成虫解除滞育后，当室内、外温度稳定在12℃以上时，成虫就会自动破茧出巢活动或外出访花。为保证壁蜂的授粉效果，应将壁蜂放置在人工控制的低温下贮存，以便使壁蜂出巢活动和果树花期相吻合，达到为其授粉的目的。为了控制壁蜂破茧出巢时间，可在11月至翌年2月份，将滞育的或快要解除滞育的壁蜂茧从巢管中剥出，分装在玻璃瓶或纸袋中，可在春节前后将剥出的蜂茧放于0～4℃冰箱或冷柜中贮存。蜂茧贮存后的出蜂时间与贮存温度有关，在 0～4℃下贮存的蜂茧，取出后气温在 12℃以上，成蜂需 7～10 天时间出完；若贮存温度提高到 6～8℃，取出后仅需 3～5 天成蜂就可以出完。在低温下贮存的蜂茧容易失水变硬，影响出蜂，为此，释放蜂茧时可先用清水浸茧后释放。

（3）交配与寻巢。大多数壁蜂种类都是雄蜂多于雌蜂，如角额壁蜂的雌、雄比例为 1∶2，凹唇壁蜂为 1∶1.45，而紫壁蜂则为 1∶1。雄蜂先于雌蜂破茧出巢，多在巢箱及其附近等待雌蜂与之交尾，经交尾后的雌蜂就会在果园及其周围寻找适合的巢穴进行营巢。壁蜂种类不同，营巢要求的洞穴大小也不一样，对人工提供的巢管内径大小，各蜂种也有不同要求。紫壁蜂个体较小，主要选择内径 4.5～6.7 毫米的巢管营巢，在 1 支 18 厘米长的巢管中可营造 10～15 个茧室，最多 18 个茧室，在小室中制作花粉团和产卵。角额壁蜂个体属中等大小，喜选择 5.5～7 毫米内径的巢管营巢，1 支 18 厘米长的巢管内可营造 5～9 个，最多 13 个茧室。凹唇壁蜂个体较大，选择 6～8 毫米的巢管营巢，在 1 支 18 厘米长的巢管中一般营造 4～8 个，最多 13 个茧室。

壁蜂的营巢场所因其种类而异，紫壁蜂喜在山地果园的上中部石缝处寻找巢管营巢，在田间设巢的要求是避风向阳、巢前开洞。而凹唇壁蜂、角额壁蜂在山地果园的营巢场所则是开阔的深沟、水坑以及潮湿的低洼地段、石缝以及建筑物的向阳面等。田间设巢的要求是：地势低洼、避风向阳、巢前开洞、朝向东南。角额壁蜂、凹唇壁蜂和紫壁蜂的飞翔距离可达 700 米左右，因此，壁蜂出巢时，要防止人为惊扰使其飞走。但壁蜂访花营巢主要在巢箱内位置较好的巢管营巢已满时，部分壁蜂还会扩散迁移，为了防止壁蜂扩散营巢，影响授粉效果，可在原巢箱处现增加 1 个巢箱。

（4）筑巢、营巢。角额壁蜂、凹唇壁蜂、叉壁蜂、壮壁蜂都是采用泥土筑巢，而紫壁蜂在渤海湾一带常用叶浆筑巢。壁蜂交尾后立即在果园内寻巢、营巢，先选好各自的巢管，然后在巢管内进行清理，将脏物、杂物从巢管中清出，然后在果园中寻找湿土，挖取泥团作为构筑巢室和封闭巢口材料。无论用泥土或叶浆为材料，都

是从巢管底部开始筑巢，第一个巢室造好后，雌蜂即开始访花，采集花粉和花蜜，制作花粉团，在巢室内贮备，当花粉达到要求时，不再采集，雌蜂在花粉团表面产下1粒卵，然后用泥土或叶封口。如此不断进行，直至巢管口最后1个巢室做完为止，构筑1支巢管的时间约需3天。每支巢管内可制作花粉团的数量因壁蜂种类而异，角额壁蜂、凹唇壁蜂在1支巢管内可制作4～8个花粉团，最多12个花粉团，产下4～12粒卵，需3天时间才能构筑1支巢管。紫壁蜂在1支巢管内可制作10～15个花粉团，最多可做17个花粉团，产下10～17粒卵，需时8～10天。

（5）壁蜂访花和活动温度。凹唇壁蜂耐低温，其访花起飞的温度为12～14℃，日工作时间12个小时，以9～15时的飞行最活跃，半小时的飞行次数达94～140次；角额壁蜂的起飞温度是14～16℃，日工作时间10个小时，以11～15时飞行最活跃，半小时的飞行次数达60～140次；紫壁蜂的起飞温度为16～17℃，日工作时间9个小时，以11～15时飞行最活跃，半小时飞行次数为74～102次。而蜜蜂需在温度达20～25℃时才有活跃的采集活动。凹唇壁蜂和角额壁蜂每分钟访花10～16朵，日访花4 000余朵，紫壁蜂每分钟访花7～12朵，而蜜蜂采花每分钟4～8朵，日访花仅720朵。壁蜂采粉器官特化为腹毛刷，访花时腹部腹面上的腹毛刷落在雄蕊群上，紧贴花药，迅速地收集花粉，头部则向下弯伸，用喙伸入花心吸取花蜜，而柱头正好位于雄蕊群的中央，腹毛刷上携带的花粉粒极易接触柱头。据观察，壁蜂访花柱头接触率为100%。凹唇壁蜂1次访花坐果率达92.9%，紫壁蜂的个体授粉能力仅为蜜蜂（意蜂）的42.5%。据日本报道，角额壁蜂的个体授粉能力是蜜蜂（意蜂）的80倍。壁蜂主要在蜂巢附近40～50米内访花授粉，据在苹果园试验，蜂巢周围100米内每隔20米的坐果率分别是49.3%，45.7%、32.7%，22.7%和18.6%，可见40米以内授粉效果最好。

（6）授粉前的准备。

①调整施药时间。采用壁蜂授粉的果园，必须在放蜂前10～

15天喷1次杀虫和杀菌剂，放蜂期间严禁使用任何化学药剂，以防杀伤壁蜂。

②制作蜂管。在放蜂果园按实际放蜂量2.5～3倍备足繁蜂所需的芦苇巢管。巢管管长15～17厘米，管口内径0.6～0.8厘米，要求一头带节，一头切成光滑斜口，管口染上蓝、黄、绿、黑等色，便于壁蜂识别定位，混匀后每50支一捆扎好备用。也可用纸卷成纸管，内壁用牛皮纸，外层用报纸，管壁厚0.1厘米以上，内径以0.7厘米为宜，一端用胶水和纸封实，再黏一层厚纸片封好。

③田间设巢。用30厘米×30厘米×25厘米或30厘米×25厘米×25厘米纸箱或木箱作为蜂巢箱，以30厘米×30厘米或30厘米×25厘米的一面为开口。每个巢内放6～8捆巢管，分为两层，管口朝外，两层间和顶层各放一硬纸板，以固定巢管。放蜂前将巢箱设置在果园背风向阳处，巢前开阔无遮蔽，巢后设挡风障。巢箱用木架支撑，巢箱口朝南或朝西，箱底距地面50～60厘米为宜，箱上设棚防雨。也可用砖砌成固定蜂巢箱，规格同前。刚开始放蜂的果园，每隔30～40米设一蜂巢箱，等翌年蜂量增多后，可40～50米设一蜂巢箱。放蜂期间，一般不要移动蜂箱及巢管，以免影响授粉繁蜂。

④种植蜜源植物。秋季在放蜂果园蜂巢箱周围种植越冬油菜、薹菜等，也可在春季栽种抽薹打种子的白菜、萝卜等，4月初开花，这样就能在苹果开花前为出巢早的壁蜂提供充足的花粉和花蜜，促进卵巢发育。

⑤营巢用土。壁蜂营巢需用泥土间隔，筑成巢室和封闭巢管管口。北方果园春季干旱，泥土板结，营巢取土困难，直接影响壁蜂的繁殖和回收，应人工设置营巢用土坑。具体方法：在放蜂区开阔处每1 500～2 000米^{2}设置一个长200厘米、宽80厘米、深30厘米的土坑，顺坑边用较黏的土壤回填，使坑中央形成三角形沟，放蜂期间每天早、晚各浇1次水，让土壤自然吸水润湿，保持适宜的湿度，并用直径为0.7厘米的树枝戳成若干个洞穴，以便招引壁蜂入穴取土地。有灌溉条件的果园，可以经常在灌溉水沟内放水，给

壁蜂取土提供方便。

（7）壁蜂的释放和回收。

①放蜂时间。壁蜂的释放时间应根据树种和花期的不同而定。苹果树一般于中心花开前4～5天释放。蜂茧放在田间后，壁蜂即能陆续咬破蜂茧出巢，7～10天出齐。如果提前将蜂茧由低温贮存条件下取出，在室温下存放2～3天后再放到田间，可缩短壁蜂出茧时间。若壁蜂已经破茧，要在傍晚释放，以减少壁蜂的逸失。

②放蜂方法。将蜂茧放在一个宽扁的小纸盒内，盒四周戳有多个直径0.7厘米的孔洞，供蜂爬出。盒内平摊一层蜂茧，然后将纸盒放在蜂巢箱内。也可将蜂茧放在5～6厘米长、两头开口的苇管或纸管内，每管放1个蜂茧，与蜂管一起放在蜂巢内。后一种方法壁蜂归巢率高。

③放蜂数量。放蜂量根据树种和结果状况而定，苹果、梨、桃园放蜂量每亩放80～150头蜂茧，初果期的幼龄果园和历年坐果率较低的果园及结果小年，放100～150头蜂茧。放蜂目的是提高坐果率，历年坐果率较高的果园或结果大年果园，每亩放60～120头蜂茧，主要是提高果品质量。樱桃、杏和李树开花早的树种，放蜂数量要大些，每亩放150～200头蜂茧。

④预防天敌为害。蚂蚁、蜘蛛、蜥蜴、鸟类、寄生蜂、皮蠹和蜂螨等是壁蜂的天敌，要防止其对壁蜂造成为害。蚂蚁可用毒饵诱杀，毒饵配方是：花生饼或麦麸250克（炒香），猪油渣100克，糖100克，敌百虫25克，加水少许，均匀混合。每一蜂巢旁施毒饵约20克，上盖碎瓦块防止雨水淋湿，并可避免毒饵和壁蜂接触，而蚂蚁可通过缝隙搬运毒饵而中毒死亡。对木棍支架的蜂巢，可在支架上涂废机油，防止蚂蚁爬到蜂巢内食害花粉团和幼蜂。狼蛛、豹蛛、蜥蜴和寄生性天敌如尖腹蜂等，应注意人工捕拿清除。对鸟类为害较重的地区，蜂巢前可设防鸟网。为预防蜂螨和皮蠹，尽量选用新的蜂管和蜂巢，若用旧蜂管，要事先进行杀虫、杀螨处理，可将旧蜂管放在蒸笼里蒸半小时，晾干后使用。

⑤回收和保存。在果树花期结束时，授粉任务完成，繁蜂结

束，要及时将巢箱收回。把封口的巢管按每 50～100 支一捆，装入网袋，挂在通风、干燥、干净、卫生的房屋中贮藏，注意防鼠。切勿放在堆有粮食等杂物的房内，以防谷盗、粉螨和鳞翅目幼虫的为害。翌年 1 月中下旬气温回升前，将苇管剖开，取出蜂茧，剔除寄生蜂茧和病残茧后，装入干净的罐头瓶中，每瓶放 500～1 000 头，用纱布罩口，在 0～5℃下冷藏备用。

（8）*壁蜂的贮存管理*。壁蜂的巢管回收要轻拿轻放，在运输过程中要避免振动，以防巢管内花粉团变形，造成卵粒或初孵幼虫埋入花粉团中，使卵不能孵化，或幼虫窒息死亡。在壁蜂化蛹期间亦不能受振动，以免使蛹体受伤致使成虫羽化时死亡。冬季室内温度不得低于－15℃，否则壁蜂难以安全越冬，春季壁蜂解除滞育后，贮存温度若超过 12℃，壁蜂成虫就会破茧出巢活动。因此早春气温回升时，应将蜂茧放进 0～4℃低温场所贮藏。为了便于壁蜂茧的贮存，应在春节前将巢管内的蜂茧剥出，以 500 个茧为一组，放入玻璃罐头瓶或纸袋内于冰箱、冷柜中冷藏，在果树开花前 5～7 天取出，移入 12℃以上的室内，待初花期进行释放。

四、关键栽培技术措施

（一）果园位置的选择

果园的位置选择不当，会引起严重的恶果。错栽了一年生作物，可以在翌年改正，而樱桃树是多年生经济作物，影响久远。因此在开始建园设计时要周密考虑，栽后才能得到高收益。在早期的果园种植时，开辟果园是无计划的，许多园地的气候和土壤条件都不适宜樱桃树生长。实践证明，这些果园迟早荒芜失收。而现在的商业性樱桃树栽培都限定在一些经过多年验证被认为适于栽植樱桃树的有利地区之内。

1. 地点的选择

（1）地点。选择一个良好的果园地点，对于日后发展非常重要。高地或坡地如加强管理是建立果园的理想地点。河床、山谷、坝地常不适宜栽樱桃树，因这些地区易聚冷空气，很可能遭受霜害或冻害。樱桃树也不能栽在距谷底 15 米以下的地方，因谷底的冷空气排出很慢。在这种条件下，海拔提高 100 米，常遇到最低温度相差 1℃，在一些季节里这样的差别能影响到丰产或歉收。在平地如无霜害，或在 2 千米内有较大温度效应的大水面，均适宜建园。

在烟台下辖的一些乡镇如莱州的平里店镇，看上去大范围内土地平坦，并无低洼处但却常常在其他地区小霜冻的情况下，这里的冻害要重得多。原因是从更大的地理范围看它仍然处于一个群山环抱之中，这类地方建园应特别注意。

如附近容易积聚冷空气，并有与樱桃树争夺阳光、水分和养分的茂密森林，则要离开树林 30 米以外栽植樱桃树。

尽管建立果园以较高爽的地点为好，以保证通风良好，但在山脊或山顶上，因风大、土壤较干燥和瘠薄，也不宜建立果园。坡向一般对樱桃树生产影响不大，但在固定风向的地区，最理想的地点是将樱桃树栽在背风的地方，尤以在严寒时有持续刮风倾向时更为必要。在一定温度下，持续刮风会增加寒害。实践证明，北坡樱桃树春季发芽晚，而南坡促进萌发：东坡和西坡在这方面则居中，但不同坡向对提高产量有不同作用的说法尚缺乏论据。

果园建立在较陡的坡地上会给日后的果园管理工作带来一系列的问题。在陡坡果园喷药就是个严重问题，在园内喷药时比较麻烦。在山坡较陡的地片建樱桃园时为防土壤冲刷，果园不耕翻，采用长期或短期（半长期）生草栽培，效果不错。许多果园管理工作，如修剪、采收及运输等在陡坡上比缓坡困难得多。

（2）土壤的选择。良好的果园土壤首先需要具有一定的排水性能，使土壤通气良好，根系易发育扩展。尤其是下层土壤（心土）对樱桃树的生长和产量比上层土（表土）更为重要。如心土坚硬且不透水，樱桃树栽后前几年生长还好，但当树冠和果实生长需水时，则树势变弱，如遇上旱年、涝害或冬季严寒，弱树就可能死亡。在生长季樱桃树不耐涝。在冬季休眠期根系能经受一定的淹水，但要在春季开始生长时需把积水排出。如在生长季伴随气温升高，根系淹水仅数天，亦常导致死亡。另外在春季萌芽和抽枝时淹水，也会带来严重损失。在大雨后积水 2 天以上的地方，不适宜樱桃树生长，在低洼地区，很多果园到处都能出现水坑，避免水坑的办法可埋管排水，或挖成水池供喷药水源。有些果园用全园管道暗渠排水，也可以考虑起垄栽培的方式加以克服。

樱桃树的直根根系至少要有半米多深，当然会因土壤类型和地区而异。在排水良好、结构均匀的沙壤或含沙砾的壤土中，其根系可深达 1 米多。一般认为樱桃树在中等沙土中的土壤根系深度约为黏重细壤土的 2 倍。

这里介绍一个美国果农判断果园土壤好坏的重要标准。即在雨季大雨后一周地下水位距地表不到 30 厘米，或者在开始生长后几周的地下水位距地表在 1 米以内的地区，这类土壤是不适宜建立果园。最好在建立果园前进行地下水位和排水情况的调查。只看表土情况是不够的，而且心土在 30 米的水平距离内变化也相当大。因此，在调查时要在 6 亩地的园片，要随即取样挖 4 个孔，每个孔挖约 1 米深，孔内放入镀锌的排水管或陶管。在花期前后各约 3 周内调查地下水位情况。最适樱桃树生长的土壤是在雨季大雨后约 1 小时地下水位距地表只有十几厘米以内，1～2 天后即迅速下降，降到地表下 1 米以下就较理想。

为了根系能正常活动，必须有个良好的通气条件。果园土壤的排水性非常重要。在土壤的孔隙中有 50%的水和 50%的空气，这是根系最适的土壤条件。当然，如土壤排水不良，则土壤孔隙的大部分为水所占据。在果园土壤中若含有沙或石砾就可减轻这种情况，使能较快地吸收雨水或灌溉水，排水性能也好，并能提高土温。黏土能使土壤板结，如黏土粒达到一定数量时，遇湿无法操作，遇旱土壤发生龟裂。黏土含有各种营养元素，并能提高土壤保水力。因此最好要含有适量（20%～40%）的黏土。有机质和腐殖质对土壤也很有利，它也有助于提供营养成分，大大增加土壤水分的渗透性，并提高土壤良好耕作性能。

樱桃树对土壤 pH 的适应范围较广，一般认为最适土壤 pH 为 6.0～6.5。

对于一个果园而言，土壤肥力已经不像过去那样重要。除了极沙土壤以外，世界各地已栽樱桃树的土壤，都能供给除氮之外樱桃树生长所需的元素，而氮可通过土壤施肥和叶面喷肥补足。在某些土壤中亦可能缺乏其他元素，如硼、钾、镁、磷、铁、锌等。这些元素都可以人工叶面补给。但含磷丰富的丘陵、坡地是比较适宜种植大樱桃的。土壤中钾的含量充足，枝干枯死病株率显著减轻。有研究表明，土壤含钾量超出 80 毫克/千克，枝干枯死病株率只占 9.4%，含钾量低于 60 毫克/千克，枝干枯死病株率达 22.6%。

要判断土壤能否适合栽培樱桃树，常用的简单判断标准是观察园片周围植物生长的数量和类型。如这片土壤杂草生长好，乡土树木长得壮，表明这是适合建立果园。若杂草很少，树木长得很弱且树冠枯梢，这就说明这个地区土壤瘠薄或坚实，根系长得浅。当然，也可通过农技推广部门和果树科研部门经土壤采样化验，帮助你了解所在园片的土壤和肥力情况，以协助你判断是否适宜建园。

2. 降雨与灌溉条件　过去，我们一般认为樱桃园建园要选择年降水量在600～800毫米的地区较适宜，而地处南美洲的智利的大樱桃主产区，在生长季节几乎没有降雨，但依靠充足的灌溉条件，他们生产出世界上最好品质的大樱桃，出口世界各地并广受好评。但我国的樱桃主产区，在灌溉条件不足时，还是要考虑降雨的问题。

3. 其他要考虑的条件　在选择栽植樱桃树之前，很重要任务也要详细研究当地的运输、销售条件、冬春的温度、湿度、土壤条件等，找出适应当地的樱桃品种。是以早熟品种为主还是晚熟品种为主？如何配置授粉品种？这些都是要考虑的问题。也可以几家联合或成立专业合作社来共同建园。

另外，果园面积的大小也要事前考虑。对一个家庭而言，如果面积太小，如小于1亩或只有几十棵树，这个果园对家庭的年经济收入影响不大，则你投入的精力的资源就少，购买生产资料时也不会有折扣价，果品销售时也难于吸引到大一些的经销商。

（二）定植

苗木栽植后第一年的生长状况，与树体一生的总产量有密切关系。精心栽植，提高成活率，保证第一年健壮生长，是未来丰产的关键。

1. 选用壮苗　种庄稼是好种长好苗，栽果树是好苗长好树。有了优良品种，还必须培育和选用壮苗。因为，苗木出圃后已经断了根，栽后恢复生长，生根、发芽、抽梢、展叶主要靠苗木体内贮存的养分。苗弱，体内养分少，“体力”不足，恢复正常生长困难；壮苗体内养分足，只要栽后条件好，缓苗快，恢复生长顺利，第一年生长就健旺。所以，选用壮苗十分重要。

什么样的苗是壮苗呢？有的人认为只要苗高大就是好苗，这叫

“外行不识货，专挑大的摸”。事实上，苗好苗坏不能单看大小。一般说来，苗木可分三类：一类是弱苗。又矮又小，根少枝细芽子秕，一看便知。另一类是徒长苗，虽然表面看来又高又大，实际上是外强中干，虚旺而不是真壮。苗圃中种植过密，根系无地伸展，只有少数主根，须根很少，靠大水大肥催起来，长得虽高，但中下部叶不见光，早黄早落，附近的芽子分化不好，又小又秕，枝条不成熟，色偏绿而无光泽，体内贮存养分少，栽后很易抽干，成活率低，长不壮。壮苗的标准是：根大，粗根细根都多，枝粗，皮光亮，芽大（尤其是栽后定干部位，即离地面60～70厘米处的芽），分化良好，饱满，体内贮存养分多，栽后缓苗快，发芽早，经得起风吹日晒，成活率高，生长健壮。

2. 栽前护理 苗木从出圃到栽植要经历一段非常时期，风吹日晒、严寒低温威胁很大。如不精心护理，很容易受冻害旱害，再好的壮苗，也会因此受伤、甚至死亡。每年由于忽视对苗木的栽前护理而造成的损失相当大，应引起注意。

果树地上部（枝、芽）相当耐寒耐旱。据研究，北方落叶果树（苹果、梨、山楂、葡萄、桃、杏等）在维持一定湿度时，可耐－30～－20℃的低温。但是，根系则相反，一般－5～－2℃时，就受害。露天放置一天以上，细根就会失水干死，粗根也因脱水受害。尤其是远途运输，如果不包装，车速越快，失水越多，温度越低，受害越重。因此，苗木出圃后必须立即包装，保湿防寒。

做好苗木护理应注意以下几方面：

一是外运苗刨苗（出圃）后立即包装。先将苗木适当剪短（留80～100厘米），捆扎，根系周围塞填湿草。然后装入塑料袋中，封口，再套上草袋（或麻袋，或尼龙编织袋）。这样可长途运输，一月左右，一般不会变干。短途运输，几天内就栽植，只用塑料袋包根就可以。

二是就地取苗，最好是随刨随栽。但也应注意，刨苗后运到田头，先用湿土埋严根系，随栽随取，防止风吹日晒。远地取苗，秋栽，应在刨苗后立即包装，运到田头后，随栽随解开包装袋取苗。

最好秋冬（10 月中旬）当气温尚在 0℃以上时刨苗。立即去掉未落的叶片，包装，运回后先假植。假植应选背风向阳的地方，一般挖深 50 厘米，宽 50～100 厘米，长依苗木数量而定的假植沟，将土取出，分放四周。刨松沟底的土，然后将苗木根系浸水后一棵棵放入，随放随用沟南、东、西 3 个方向的土，破碎撒入，均匀填满根系周围。然后浇水，以水冲土下沉，使根、土密切接触，如有漏洞，再填细土封埋。严寒来临时，可再加高埋土。开春后，随栽随取苗。假植时沟不可过深，沟中苗木不要上下排列，以免下部过湿、过热而烂根，上部根过浅而冻害。假植填土时，一定要先破碎，如果用风干的大土块埋根，土块间空隙大，根土不接触，透风漏气，会使苗木受冻受旱。

3. 树穴准备和土壤改良　肥沃的土壤是果树丰产优质的基础。果树不同于一年生作物，一旦栽上后，树下的土壤就很难再翻动。尤其对山丘地、滩涂地等栽植前土壤改良特别重要。

有条件的地方，栽树前最好全园深翻熟化。如果劳力、肥料一时不足，也可先开穴或开沟，树栽上后再逐年扩穴，几年后完成全园深翻熟化。

密植果园，栽植后根系很快占满全园，最好栽植前一次全园深翻熟化，实在没有条件，至少栽植前要开沟熟化土壤，并在栽树后 3～4 年内完成全园深翻熟化，以保证樱桃的生长和结果。

黏重土壤，特别是下层为胶泥的黏土地，挖穴后，穴底及下层不透水，一个穴相当于一个大花盆，雨季易积水成涝，使下层根死亡。这种情况下应在栽植前开沟，使沟底有一定坡度，与果园排水沟连接。大雨时，下层积水可渗出排走，不会发生涝害。

土壤改良主要是深翻和熟化。深翻地可使土壤疏松，改善土壤透气性；扩大根系的分布范围，并增加土壤蓄水的容积，改进水肥供应条件。此外，深翻后也有利土壤微生物的活动，从而把土壤中不易被吸收的养分分解释放出来，供果树吸收利用。但是深翻只有利于使用土壤原有的肥力，不能彻底的改良土壤，所以它的作用是短时的。深翻的土壤经过几个雨季，受降雨的沉实和耕作管理中人

踩车压以后，又变得坚实起来，失去作用。为彻底改良果园土壤，必须深翻与熟化密切结合。熟化就是大量增施有机质和有机肥，加强土壤腐殖质化过程，通过腐殖质的增加，使土壤团粒结构形成，进而使死土变活土，生土变熟土。如果结合深翻增加大量有机质，就可逐步使下层生土熟化，扩大活土层，为根系的生长和吸收活动创造更有利的环境。栽前土壤改良必须投入大量有机质（树叶、草、秸秆，甚至细碎树枝等）和有机肥（圈肥、牛马粪等）。要想树长好、丰产早，有机肥（质）不可少；而有的地方不重视建园时大量增施有机质和有机肥，企图用以后多施化肥、豆饼来取代，这种做法是徒劳无益的。因为化肥和豆饼等细肥，只能暂时增加土壤养分，而很难在较大范围内改善土壤结构，起不到长期全面彻底改良土壤结构、提高土壤肥力的作用。

扩穴（或开沟）熟化土壤时，穴越大，前期生长越好，进入丰产期越早。近年来，不少山区栽树前挖1.5～2米的大穴（“卧牛坑”），收到了很好的效果。一般来说，扩穴直径应不小于1米，深度不小于80厘米。栽植沟的宽度和深度也至少要达到这种标准。

扩穴（或开沟）时，表层土（活土、熟土或阳土）与下层土（死土、生土或阴土）应分别放置，填穴时也应分别掺入有机质和有机肥，并各返还原位，切不要打乱原土层。“鹞子大翻身”（活土填入下层，死土填入上层）的办法对树的前期生长很不利。因为栽树后根小而浅，如果死土翻在上面与根接触，肥力差，苗根在生土中恢复生长受到限制，树长不好。

树穴（沟）挖好后，回填土时，土壤一定要与有机质和有机肥充分掺匀，以利腐熟和改良土壤结构。土、粪、草分层填的办法是不对的，尤其是草层较厚时，切断了下层水分上升的毛细管，旱季上层土干，易受旱害。

河滩细沙地或山地沙性土，保肥保水力差，改良土壤须掺土杂肥。但应注意沙、土、肥充分掺和均匀填入穴（或沟）中，沙土中加黏土是很必要的，但黏土压沙的做法不对。黏压沙，不仅不能改善沙土的保肥保水能力，反而因为黏土在表面形成黏板层，恶化了土壤透气性，而且新栽树苗根系正处在生黏土中、恢复生长也困难。

树穴（或栽植沟）回填土后，应立即浇透水，借水沉实松动了的土，然后再填平穴（或沟）。这项工作最好在栽树前一个月内完成。

栽树时在已浇水沉实的穴（或沟）中挖小坑栽植。如果回填土后不浇水，栽树后再一并浇水，往往出现水渗、土沉、苗下坠的现象，造成栽植过深的后果。栽植过深，特别是在黏性土上，根际土壤透气性差，根的正常呼吸受到限制，甚至造成烂根，树长不好。桃、杏、樱桃等根呼吸旺盛的树种，更怕栽植过深。

4. 栽植

（1）栽植时期。一般在开春发芽前（春分到清明前后）进行。这时土温已开始回升，墒情也好，有利成活。近几年来的研究证明，落叶果树（苹果、梨、桃、杏、樱桃、山楂、葡萄等），在有浇水条件时，发芽吐绿期栽植成活最好。这是因为果树发芽吐绿时（清明前后），土温已升到 10～15℃，适于新根生长。此外，由于芽开始活动，在生长点和幼叶中开始合成生长素和赤霉素等激素，这些激素运到根部有启动新根发生和促进新根生长的作用。

春旱地区，深秋初冬墒情较好，近年来有的地方试行秋栽，也取得了较好的效果。秋栽要求：①深秋栽树，土温一天天下降，越来越不利于新根生长，所以宜早不宜迟。②秋栽要严格掌握以下规程：一是刨苗时先去掉叶子，以减少蒸腾失水；二是栽后立即定干，以减少蒸腾表面，保持水分；三是栽后立即浇水。为保水增加土温，最好在浇水后立即用农用地膜覆盖树盘，这样可较长时间保持适宜的水分和土温促进根的生长。只要新根冬前生长好，开春后就不再有缓苗期，直接开始旺盛生长。

（2）栽植方法。“刨一镢，栽一棵”这种粗栽粗管的方法，既不能保活，也不能长壮，更不能实现早期丰产。商品生产要求新建果园精栽细管，才能早见收益。栽树应按如下的规程来做：

①在浇水沉实后的大穴（或沟）中挖出 40 厘米^3 的小坑，挖出的土添加一小筐（15～20 千克）腐熟细碎的有机肥，50～100 克氮素化肥（尿素、硫酸铵或碳酸氢铵等），与土充分拌和均匀。缺

磷的土壤最好再掺入 50～100 克磷酸二铵或过磷酸钙，以促进新根生长。如果缺肥，可用树穴周围肥沃的表土代替。

②将掺过肥的土填入小坑中达地面下 20 厘米处，放入苗木，使根系伸展开，继续埋土至苗木基部在苗圃中原来留下的土印。轻轻踏实，立即浇水。水源充足浇大水，水源不足亦应尽力设法浇透小坑，使小坑与大穴（或沟）原来已浇过的透水接湿，千万不要深埋使劲砸。

③立即定干，可根据未来整形方式决定定干高度。定干短截时可稍高或稍低。以剪口下保证留有 5 个左右好芽为准。

④定干后立即用农用地膜覆盖，地膜覆盖面积大小最好在 1 米^2 以上。四周培土压实封严，保水增温。但应注意地膜面上不要有土，以保证阳光射入，提高土温。

（3）关于斜栽。在生产中，由于樱桃的常规砧木基本以乔化为主，大部分品种长势较旺。尤其在土层厚、肥水条件较好的果园里，树旺结果迟或徒长不结果的现象比较普遍。对此，除了采用其他措施以外，新建果园也可采用斜栽的方法，控制旺长，提早结果。老果园中不少主干倾斜的大树，也多数表现丰产稳产，表明斜栽是可行的。有人顾虑斜栽树挂果多，易倒伏。事实上，斜栽树根系是四方伸展比较均匀的，固着力并不差。与倒伏的树根偏一方不同，斜栽树整形时，通过主干弯曲可使树冠重心仍落到根颈上，负载力不会减弱。退一步说，只要有利丰产，为抗倒伏还可吊枝，此点，就是直栽的结果大树也未例外。近年来美国等发达国家新栽樱桃园已大量采用此法，早果丰产效果明显，他们将这种新式的栽植管理技术命名为“UFO”（图 2、图 3）。

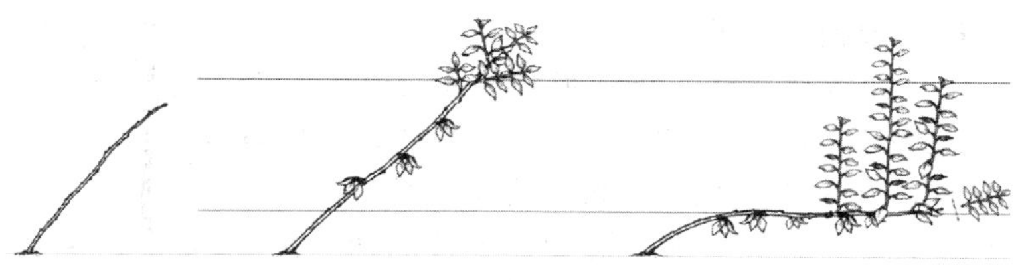

图 2　斜栽当年树形

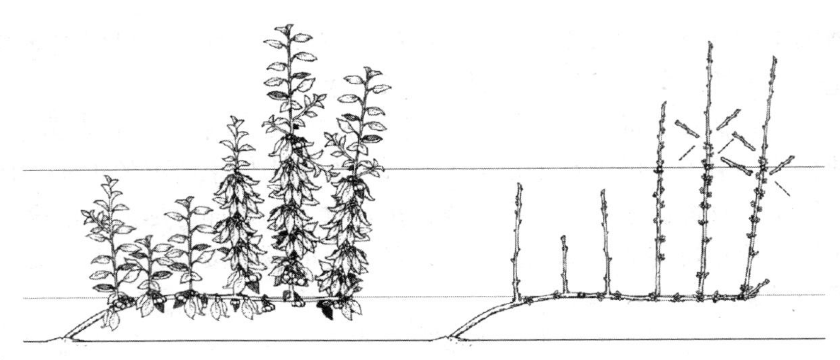

图 3　斜栽后第二年树形

（三）整形修剪的原则与方法

整形的目的主要是为了合理利用空间，增加单位土地面积上的枝叶量。同时，使枝叶分布均匀，光照好，充分利用光能，提高产量，改善品质。果树树形主要是指主枝在树冠中的排列方式。树形的样式很多，生产者关心的是究竟哪种树形丰产呢？实践的回答是任何树形都有可能丰产，也都有可能不丰产。例如，常见的主干形有很多丰产的，也有不丰产的。其主要区别在于，丰产的角度大，树冠内空间大，光照足，主枝上的结果枝多，均匀而紧凑。总之一句话，结构合理。因此可以说，没有不丰产的树形，只有不丰产的结构（或整形方式）。实践中所遇到的树，其发枝数量、方向很少与书本上画得完全一样，如果过分机械的要求，就很难办。强行仿造，必然推迟了树冠的扩展和影响早期丰产。

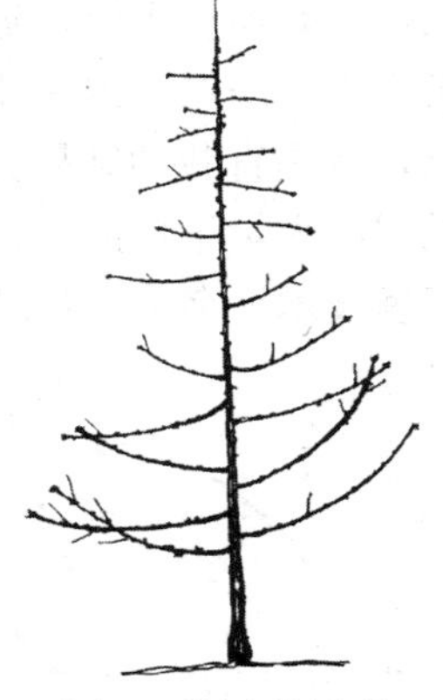

图 4　纺锤形树形

1. 主要树形介绍

（1）纺锤形整枝。纺锤形整枝的主干粗壮、挺拔，干高 45 厘米左右，主干上均匀着生 10 个左右主枝，主枝粗度是同部位主干的 1/4 左右，呈水平延伸，主枝间间距 20 厘米左右，其上着生结果枝组。枝量上疏下密呈雪松状，树高 3.5 米左右（图 4）。这样的树形光照好、产量高、质量好，培养过程如下。

第一年：栽植后对表现较弱的苗木最好采取扶干措施，即在苗木旁立一根竹竿，将苗木绑缚到竹竿上，以防止树头偏向一边，不利于以后树形的培养和保持，苗木较强时则不需要扶干措施。发芽前视苗木质量和高度定干 70～90 厘米，苗木较弱时可适当低一些。剪口芽留饱满芽，从剪口下第四个芽开始每隔 2～3 个芽刻一个芽，用小钢锯条在芽上方刻伤至木质部。新梢 30 厘米左右时拐枝呈 90°接近水平状态，一直保持到落叶，期间要不断观察，发现角度上弯时要重新拐成水平状态，以防止主枝生长过旺、过粗。6 月份前后对主干中下部生长弱的主枝可在主枝基部上方，用小钢锯在主干上横割一下，深达木质部，以促进下部主枝生长，防止上强，平衡树势。注意生长季节一般不疏梢，以免减少叶面积而影响树体总的生长量，第二、三、四年的夏季修剪也要尽量不疏梢。

第二年：栽植第二年春天，对所有的主枝留 0.5～1 厘米，极重短截，打成短橛，剪口向上，让它重新从短橛下方发出，以利拉大主枝和主干的粗度，并且利于新梢开张角度。中心干一年生枝视长势留 50～60 厘米短截，还要抠去剪口下第二、三、四芽，防止与主干竞争，每隔 2～3 个芽选不同方向，用小钢锯条在芽上方刻伤至木质部，培养新一层主枝，相邻主枝基部间距 15 厘米左右，同一方向的主枝间距不低于 40 厘米，发芽后注意观察过密的、不符合条件的要及时尽早抹除，同时，6 月份及时对主干上所有新梢（主枝）拐枝开角或用牙签开张角度，并且对左右过密旁边有空间的新梢用绳子和木橛进行调整，拉向有空间的地方，使主枝在主干上均匀螺旋式上下排列。

另一种处理办法是对上年发出的主枝也可以不短截，而是对其两侧芽和背后芽刻芽，芽长出后及时开角到 90°，并注意拉枝保持角度。

第三年：春天首先继续选留主枝，对过密的主枝疏除，同时对主干上部过粗的主枝疏除，中心干延长枝按第二年同样短截和刻芽，然后对主枝两侧隔15厘米左右在芽前面刻芽，基部和梢部20厘米左右不刻，背上芽不刻。主枝两侧萌发的强旺新梢长到10厘米左右时，进行摘心，第一次留5片大叶，以后留2～3片叶连续摘心，不旺的新梢可缓放，以保证主枝单轴延伸，培养中小型结果枝组。

第四年：春天只要树高不超过3米，中心干延长枝仍可留50～60厘米短截和刻芽并抠上部2、3、4芽，若达到高度要甩放，只对其刻芽，其他枝条处理同上一年的做法，对主枝背上和两侧去年缓放不旺的枝要在发芽前用绳子系在枝条顶端向下拉并固定，最好绳子一端系在能使枝条刚好下坠的小石头、小砖块、装土的小塑料袋上，要防止重量过大坠断枝条，这样通过改变枝条角度，控制长势，缓势成花。发芽后对拉枝的枝条弓背上萌发的新梢要留一个连续摘心，其他的疏除，对其他部位萌发的新梢有空间的要继续6月份捋枝，没有空间的发芽后及时抹除。每年的抹芽要早、捋枝要及时、摘心要耐心，达到既避免带叶去枝防止浪费养分和影响光和积累，又不耽误整理树形和促花结果。通过4年的修剪，基本形成小主枝十多个，大角度单轴延伸，主干挺拔似塔松的高效树形。

甜樱桃自由纺锤形整枝适应了甜樱桃干性强、长势旺的特点，为甜樱桃早果丰产创造了条件。山东省临朐县的甜樱桃自由纺锤形整枝比较成功，他们形成了两种不同的处理方法，各有千秋。现将这两种处理方法作一比较。

第一种处理方法：栽后第二年春天萌芽前，将第一年所发生的一次枝除中干外，全部进行重短截，只在基部留2～3个瘪芽，当地称为“留橛修剪”。中干按照需要留枝方向，每隔3～5芽刻伤一芽，以促发长枝。待下部所刻芽萌动后，将中干从其发生处向上留1～1.2米进行短截。重短截的一次枝由于留的是秕芽，所以发出的二次枝相对较弱，与中干的粗度相差较大。栽后第二年秋季或第三年春季将中干上留橛部位所发的二次枝和中干上刻芽后所发的一次长枝全部拉平（与中干呈90°角）。此时，如果一个留橛部位发出不止一个长枝，空间大时可拉平2个，空间小时只拉平1个，其余疏除。栽后第三年春天，于萌芽前进行刻芽。刻芽方法，中干与第二年春相同，其余枝条从基部开始，除背上芽外，两侧及背后芽全刻，促发叶丛枝，梢端留 30 厘米左右不刻。刻芽时，在所刻芽上方 0.2～0.5 厘米处用小钢锯横割半圈，割透皮层，深达木质部。除中干外，所有长枝一律不短截。

第二种处理方法：栽后第二年春天，对中干从其发生处向上留 40～50 厘米进行短截，不刻芽。对其他长枝直接刻芽，方法与第一种处理的第三年春天相同，待所刻芽萌发后，全部拉平，不予短截。也可于栽后第一年秋季带叶将其拉平，第二年春季只刻芽。

对拉平的主枝上发生的长枝或徒长枝，在其长至 5～6 厘米时进行第一次摘心，以后继续萌发的副梢，每次留 4～6 片叶连续摘心，促其基部形成花芽。实践证明，连续摘心的长枝，70%当年可在基部形成花芽；而不连续摘心的，则没有成花。连续摘心措施，两种处理方法都相同，只是第一种处理方式在第三年春天。

树高的比较：第一种处理方法由于每年留中干的高度高，所以达到标准树高的年限短［标准树高＝（株距＋行距）/2］，一般栽后第四年即可达到。而第二种处理方法每年留中干低，所以，需栽后第六年才能达到标准树高。

结果期的比较：由于刻芽形成的健壮叶丛枝和连续摘心的长枝在萌发当年就大部分形成花芽，所以按第二种处理方法整枝的树栽后第三年即可开花结果，而按第一种处理方式整枝的树到第四年才能开花，正好相差一年。

根据田间调查，刻芽后萌发的叶丛枝，只要超过 5 片叶，当年有 90%可形成花芽；而少于 5 片叶的，只有 5%左右能形成花芽。这样，中干分枝上早刻芽一年，就可早结果一年。

树形的比较：第一种处理方法的树，树形细长，从属分明，主枝与中干粗度差距大，是比较标准的细长纺锤形。而第二种处理的树，树较矮，主枝与中干粗度差距小，主次不够分明，属于粗短纺锤形。

根据观察，第一种处理方法整出的树，树冠内枝叶较稀疏，透光度好，株间、行间交接程度差；而第二种处理方法整出的树，树冠较郁闭，透光度差，株间、行间交接程度重。

如果以露天栽培为主，而种植户又没有时间进行精细管理，可以选用第一种处理方法。因采用该处理方法，树势相对好控制，用工相对较少。而第二种处理方法，控制树势牵扯精力太大。

如果结果后准备扣大棚，进行促成栽培，并且种植户有足够的时间进行精细管理，则宜选用第二种处理方式。一方面树体较矮，减少大棚投资并利于管理；另一方面早结果一年可以早得效益。至于到盛果期后树冠郁闭，完全可以通过疏除挡光大枝予以解决。

不管是以露天栽培为目的，还是以结果后扣棚为目的，只要能够有足够的时间进行精细管理，就应采取第二种处理方式。因为这种方式毕竟能够早结果一年，早得效益一年。虽然控制树势牵扯精力较大，但树体较矮也有利于方便管理。树冠郁闭后，露天树照样可以通过疏除挡光大枝予以解决。早结果早得效益，还可以增大果农投资的信心，提高投入的积极性。

（2）丛枝形。种植密度 1.8～2.5 米×4.5～5.5 米，树高 2.5 米。传统的丛枝形定植时，树体在 30～40 厘米处定干，以促进主枝萌发。在晚春或者早夏，当主枝生长旺盛足可以促进二次枝条的生长时，把主枝回缩到 4～5 个芽。第一年树体矮小，有 8～10 个二次枝条。第二年春季第三次短截，6～7 月第四次短截，第三年底树形基本形成（图 5）。

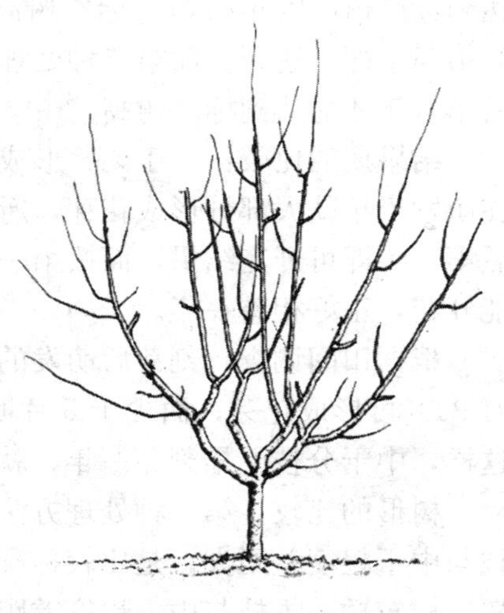

图 5　丛枝形树形

疏除内膛枝以增加树体内的光照，疏枝时不要过量。减少灌溉以控制树势，以利于翌年的果实合理负载。在第三年可获取少量产量，第四年后获得中等产量。

为提高丛枝形的早期产量，有的采用不同的化学和机械措施刺激枝条生长代替修剪。定植后，利用普尔马林代替修剪促进枝条萌发。第一年内不采取修剪措施，如果生长旺盛，可在第一年或者第二年拉枝，拉枝角度在45°，以控制树势，促进花芽分化。中央领导干在较短的时期内继续生长减少修剪，促进枝条形成良好的角度，有利于早实和取得较高产量。

第一年末，树体有4～6个主枝，保留其他的水平生长的枝条。第二年，在4～6个主枝基部用化学药剂处理促进二次枝条萌发，而不是对主枝或者中央领导干回缩定干。第二年末，树体形成10～12个二次枝条，形成花芽为来年提供了准备。第三年，树体结构已形成，并取得了相当的产量。第三年末去除格架，第四年产量较大。

这种树形主干矮，主枝比较直立，每个主枝上着生侧枝。因此，丛枝形结果早，抗风力强，也比较丰产。但是，由于主枝角度小，树冠易郁闭，因此，从前期开始，就应当注意开张主枝角度，及时疏除徒长枝和影响光照严重的大枝。

（3）自然开心形。这种树形干高一般在30～40厘米，其上着生3～4个主枝，每个主枝上分布4个以上的侧枝。枝组主要分布在侧枝上，主枝背上也分布一定数量的枝组，特别是成龄树，背上枝组的结果数量也占了一定的比例。

这种树形通风透光好，结果早，果实色泽好，比较丰产，是烟台地区过去生产中普遍采用的传统树形。

（4）目前樱桃整形中常见的一些问题。

①定干高度高低不一。有的樱桃园在30厘米左右定干，有的则在100厘米甚至更高处定干，前者容易出现定干后3～4个强旺枝直立生长；后者易出现顶端发枝不旺，主干不强。

②主枝与其着生部位的主干同粗同龄。由于主干与主枝同龄同粗，生长势力相近，向外扩展快，拉力大，内膛不易形成小枝，所以大多数樱桃，侧枝数量不够，尤其是能够成花的中小结果组不

多，影响了早期结果。

③拉枝方式和角度不对。很多果农拉枝时不从枝条的基部着手，而是直接在枝条的顶端挂根绳拉下了事，往往成弓形，这样就起不到开角调整枝势的作用。对于拟保留的侧枝，必须从枝条的基角着手，将基角调整到90°或以上，使整个侧枝下垂生长。

④幼树期间氮肥使用过多。由于幼树期本身生长旺盛，使用大量尿素类化肥更加重枝条的延长生长，树上中短枝太少，长枝、棒子枝太多，特别不利于早期结果。

2. 主要修剪的方法 大樱桃修剪的方法很多，如果不解其意，就会眼花缭乱，无所适从。但仔细回味一下，可以看到，所有的修剪方法不外两种作用：一是促发长枝的，另一是促发中、短枝的。前者有利于加强生长势，后者有利于缓和生长势，成花结果。以下分别加以介绍。

（1）刻芽。大樱桃不易成枝，刻芽是促发新枝的重要手段。刻芽的时间在芽的膨大期，于中干部位需要培养主枝的芽位上。刻伤的位置是被刻芽上方与芽尖齐平处。刻伤的强度因刻芽目的不同而异。如果想培养主枝等骨干枝，刻伤长度要大于被刻部位枝条周长的1/2。如想培养中枝等结果枝组，刻伤长度为枝条周长的1/2左右。如想培养短枝或叶丛枝，刻伤长度为枝条周长的1/3左右。我们在主枝上培养结果枝组，多采用刻伤长度为枝条周长的1/2为宜。刻伤深度应在皮层和木质之间，不可深入木质。刻芽所用工具应选用大齿小钢锯为好。

（2）拉枝。拉枝的时间最好是秋季，此时延长梢基本停止生长。枝条柔软，间作物已收获，有利于巩固枝条的稳定性和技术措施的实施。也可以在春季萌芽后进行拉枝。我们提倡秋、春两季集中拉枝，夏季不断检查调整。幼树拉枝的重点对象是当年生的主枝和主枝延长枝以及临时骨干枝。随着树龄的增长，调整结果枝组的角度转为重点。将背上斜生的大中型结果枝组拉成水平生长，缓和枝势，提早成花结果。

（3）短截。又称剪截或短剪。主要作用是加强发枝的生长势，促发长枝。短截促发长枝的作用，受各种条件的影响，如：①原枝越旺，短截促生长枝的作用越明显。②原枝越直立，短截促生长枝的作用越明显。③短截程度越重，促发长枝的作用越明显。同理，全树修剪量越大，短截促生长枝的作用越明显。④短截时选留的剪口芽越好，抽枝越旺，促生长枝的作用越明显。这是因为剪口芽居于顶端优势部位，如果芽质优良，则双重优势叠加，发枝更健旺。为了加强发枝势力，增大延长枝的生长量，以扩大树冠，应注意剪口留优质芽。相反，如果剪口芽质量不良，或剪在无芽的盲节上，则芽质劣抵消了顶端优势强的效应，发枝势力则相对减弱。剪口芽发枝越旺，对其下的侧芽萌发和发枝势力的抑制作用越大。在不要求剪口芽发枝过旺并希望侧芽更多萌发和发生中枝、短枝时，除了减轻短截程度（轻剪）以外，配合剪口选用弱芽。

（4）缩剪。又称回缩修剪，即多年生枝上的短截。缩剪的用法及作用因具体情况的差别而不同。例如株间或行间树冠相互交接时，为控制扩展，在多年生枝上回缩，也有加强剪口下局部生长势的作用。如果剪口下花芽数量较多，有利于提高坐果率，先端果实的数递增多时，枝条生长相对缓和。

对冠内枝，尤其是直立枝拉平长放，促生大量结果枝后，及时在二年生或三年生段缩剪，有利于助长下部弱枝转壮并同时提高坐果率，培养成距主轴较近的带分枝的紧凑枝组。

（5）疏剪。又称疏枝，即从枝条基部疏除。由于疏枝造成伤口，伤口干，损伤周围输导组织，影响水分和养分的运转，因此，有减弱伤口以上枝、芽的长势和加强伤口以下枝、芽长势的双重作用。疏枝量越多，伤口越大，这种双重作用越明显。枝多树冠内膛光照不良时，疏枝也可改善光照，有利成花。疏剪主要用于：①疏除内膛过杂枝条，改善光照条件。②树冠整形中，在开张树冠的同时，为缓和先端过旺生长，疏除外围过多的枝条（清头），促进内膛枝条健壮和成花。③结果大树疏除过多花芽，以减轻大小年。④树冠长大和骨架形成后，疏除整形前期保留过多的临时枝，为维持永久性枝上的枝组发育调出空间。

熟悉各种修剪方法、修剪程度和修剪时期的作用之后，可依据树势，灵活运用，综合调节，以求使果树的生长向着更有利于人们希望的方向发展。例如，树旺，长枝多，长势强，中、短枝比率低，成花少或徒长不结果，冬剪要轻，可轻剪长放，少用短截，多用疏剪，以夏剪为主，通过较细的摘心、扭梢、捋枝、临时枝或临时树主干环状剥皮等，以缓和过旺长势，增加中短枝数量比率，促进成花结果。而对衰弱树，长枝很少，中、短枝比率过高，长势弱，则应以冬剪为主，多用短剪、缩剪，尽量减少花芽数量，以促发长枝，恢复树势。各地生产中有不少巧妙运用修剪并配合其他管理，获得早期丰产或延长结果寿命的实例。了解这些实例，有助于举一反三，灵活运用。

由于顶端优势是果树的基本特征，幼树整形中上强下弱问题比较普遍，尤其在强调加大主枝角度和开张树冠的情况下，更易出现上强。因此应特别强调因枝修剪，平衡长势。

长势强弱的调节，可通过以下几个方面来进行：一是骨干枝延伸顺直或弯曲。顺直延伸有利于加强长势，弯曲延伸有利缓和长势。因此，在有干分层形的树上，应特别注意第一层主枝以上的中干采用弯曲延伸的方式，以控制上强。二是花果数量多少。结果多，长势缓；结果少或无，长势强。

（四）大樱桃的肥水管理

果树生根、抽梢、长叶、开花和结果，一切器官的建造，主要靠叶子制造的养分，叶子的光合作用是果树生长发育及产量形成的物质基础。但是，叶面积大小，工作能力强弱、工作时间长短，无时无刻不受根的影响。根系通过吸收水分，肥料和合成其他物质，保证叶子正常工作，叶靠根养，养叶必须养根。平时说土肥水是基础就是这个意思。

根生活在土壤环境中，土肥水管理就是要为根的生长和吸收活动创造一个最佳环境。因此，了解影响根系生长、活动的内外因素，是做好土肥水管理的依据。

1. 影响根系生长和吸收活动的因素

（1）内部因素。早期落叶后，根的秋季生长受到阻碍；主干环剥后，根系变小，生长变弱；结果过多，新根生长变弱。从这些现象可以看出，根的生长受到地上部生长结果状况的制约。进一步分析就可清楚，当年结果多时，叶子制造的养分多半都进入果实中，余留下来运往根中的就很少了，所以影响根的生长；早期落叶自然也是这种原因限制根生长；环状剥皮截断了叶片制造的养分向根中运送的回路，也影响根的生长和吸收功能。此外，专门的研究还看到，摘除叶片或对树冠遮阴后，果树根的吸收活性很快降低。因此，可以说叶片光合作用制造的养分是根生命活动的源泉。

（2）外部因素。影响根生长和吸收的外部因素也很多，这些因素之间也发生交互作用，其间的关系比较复杂。

①土壤中的氧气。上面已经讲过，根的生长与吸收合成，需要呼吸作用释放的能量，保证能量释放，需要氧气。果树地上部处在一个自由空间中，空气流通，氧气不缺，呼吸作用不受限制。但果树的根系处在土壤中，土壤是由固体（约占总容量的一半以上）、液体（约占总容量的1/4以上）和气体（约占总容量的1/4左右）组成。土壤中的孔隙有限，这些孔隙又常被水分占据而将空气赶出。在有限的土壤孔隙中所存留的空气，又常因根的呼吸和土壤微生物的呼吸而把其中的氧气耗用，使呼吸作用排出的二氧化碳等充滞。因此，土壤中的氧气在多数情况下常成为限制根系生长和吸收活动的因素。常说"根生土中间，喘气最为先"是有道理的。改善土壤中的氧气状况是果园土壤管理最重要的内容。从实际生产中也可看到，凡是丰产优质的果园，绝大多数都分布在透气性良好的土壤上，就是一个很好的证明。根和土壤微生物的呼吸耗用了土壤空气中的氧气，并放出二氧化碳，然后从土壤排放到大气中，新鲜空气再进入土壤，这个过程就是土壤的气体交换。土壤孔隙大，空气容量大，土表不板结，气体交换就顺利，土壤中氧气不缺乏。改善土壤透气性，深翻松动黏紧土壤层，并防止土表板结，是改土、耕作的重要目标。

②土壤水分。最适宜根系生长的土壤含水量是田间最大（饱和）含水量的60%～80%。越接近这个范围的上限（80%），果树长出的白色延伸根（豆芽状的根）越多；而越接近或略低于这个范围的下限（60%），根的分枝增加，网状吸收根较多。豆芽状根多的树，枝叶生长旺，而网状吸收根多的树，容易成花结果。灌水应因树制宜，树弱或结果多时宜多些，树旺而成花少时宜少些。

当土壤水分降低到一定程度（一般约在最大持水量的40%时），根生长完全停止，细根衰老加快。根在干旱时受害比地上部叶片萎蔫更早。在严重缺水时，叶子可以汲取根中原有的水分，这样不仅根系生长和吸收活动停止，而且开始死亡。植物的根也像动物的嘴，大旱时根先死就像嘴先烂掉，一切养分和水分的吸收全部中断。这时，地上部枝叶不仅出现缺水症状，还表现出各种养分元素的缺乏症状，即由干旱引起的综合缺素症。干旱造成枝细而短，叶少而小，光合作用能力弱，芽瘪花少，落花落果甚至落叶，绝产或低产，果实品质差。保证适宜的土壤水分，对养根、壮树、优质丰产都是很重要的。

但是，水分过多（雨多或经常大水漫灌）也有很多弊害。一是水多使地上部枝叶容易旺长，消耗了大量养分，花芽不易形成，出现徒长而不结果的现象。二是水多时，土壤中可溶性养分常易随水渗漏流失，使土壤贫瘠，地上部缺乏营养。三是水分过多，占满了土壤孔隙，恶化了透气性，影响根的正常呼吸，进而限制根的生长和吸收。积水成涝时，地上部枝叶表现缺水就是这个原因。较长时间浸水缺氧，土壤中的化学变化趋向还原过程为主，产生许多还原性产物（如甲烷、硫化氢等），使果树直接受到毒害。

③土壤温度。各种果树新根生长和吸水吸肥要求的温度范围不同。北方落叶果树最适宜根生长和吸收活动的土壤温度为15～25℃。例如苹果新根初长为7℃，旺盛生长为18～21℃，超过30℃停止生长；梨、桃等与此相近；葡萄新根初长为12～13℃，停止生长为26～28℃。调节地温也应当是果园土壤管理的重要任务。

一般来说，一年中早春地温回升落后于气温。土温低，影响根系生长和吸收，也常限制地上部的正常生育。例如，金冠苹果、甜樱桃、石榴、板栗、核桃等幼树初栽后1～2年，根还扎得不深，常出现越冬抽条（“抽干”）现象，枝干已死但根还活着。多半发生在早春，主要是由于地温回升落后于气温，吸水不能满足地上部失水而造成的干旱伤害，也叫冷旱伤害，即土温低引起的生理干旱。在山东所谓“葡萄冻害”（不下架埋土枝蔓干死），多数情况下也是这个原因。夏季，土壤表层根衰老死亡，则与地表温度过高（超过30℃以上）以及干旱有关。冬季土壤结冻，也是限制冻层内根系吸收活动的重要因素。土层厚，根系分布深，深层土不冻，其中的根继续吸水，对抵抗寒害和抽条有利。相反，土层薄，根系浅，如不保护，则常易受害。

④土壤养分。一般情况下，土壤养分不会像气、水、温不适那样成为完全限制根系生长和吸收的因素。这是因为土壤再瘠薄，也还存留一定的自然肥力。但是，根生长和吸水吸肥力强弱，却与土壤养分多少有密切关系。

土壤肥沃程度影响到根系的分布状态。土壤越肥沃，养分越富集，根系相对集中；相反，土壤越贫瘠，根系疏散走得远。如果肥水投入不足，或旱地（无灌溉）栽培，当然要求根深而广，以便“广域捕食”（相当于饲养中的放养），以充分利用土壤的自然肥力和季节性降雨在深厚土层中的蓄水，维持生长和一定的产量。但是也应当看到，建造深而广的庞大的根系，要耗用大量的叶光合产物，这就必然使光合产物分配到花芽形成、果实形成方面的数量减少，限制产量提高。所以，在肥水投入多又有保证的情况下，适当减小根系分布范围和建造耗用，构成相对集中但密度大、活性强的根系，“就地取食”（相当于饲养中的“圈养”），更有利于大樱桃的高产优质。

果树根系总的吸收（肥水的）能力取决于根的体积、密度和活性3个方面。根的分布范围（体积）减小后，如果单位土壤体积内根的数量（密度）增加，单位根的吸收能力（活性）提高，则可补偿由于体积变小而带来的影响，仍然维持较高的总吸收能力。生长期内，根际土壤中养分富集、水分适度、透气良好，可增强根的密度和活性；保肥性差的沙滩地上根延伸（加长）生长明显而分枝少，稀疏，密度小；施肥沟（或穴）附近，则正相反，根的分枝多、密度大。通过施肥改土以调节根系分布和加大根的密度是可能的。

在水分适宜的条件下，氮素多而磷、钾等养分缺乏时，根也呈徒长现象，新根延伸长而分枝少；磷、钾肥等充足时，根分枝多，密度也大。但如果磷钾肥足而缺氮，根的衰老过程加剧。因此，为促进根的生长、增加根的密度并延长根的寿命，提高根的活性，必须注意使土壤中各种养分适度。目前，含磷钾化肥短缺，增施养分齐全的有机肥十分重要。

⑤其他因素。除了土壤透气性、水分、温度、养分以外，影响果树根生长和吸收功能的还有土壤微生物、酸碱度（pH）、含盐量等因素。

土壤也是生物世界的一部分，其中的微生物与果树生长有密切关系。例如，当温度、水分，透气性适宜时，硝化细菌繁殖、活动旺盛，可以把土壤有机质中的含氮物质及时分解成为硝酸态氮素，供植物吸收利用；磷细菌活动旺盛，可以把被土壤固定了的磷释放出来，变成果树能吸收利用的有效磷。此外，近年来的研究进一步确证，大多数果树的根是与某些有益的真菌共生的，形成果树与真菌的共生互惠体系，即果树菌根。可以在相当干旱的条件下吸收水分，也能够在有效磷及其他可利用态微量元素非常低的情况下，利用土壤中被固定了的比较丰富的养分，保证果树正常生长发育。改善土壤透气性、酸碱度、水分状况等是促进菌根发育的重要环节。与此相反，土壤中有害的微生物（如线虫、纹羽病菌等）直接伤害果树根系，则是生产中的大敌，需要通过轮作、消毒等来控制它们的为害。

各种果树生育要求的土壤酸碱度（pH）范围不一样。樱桃最适宜的 pH 在 6.5 左右。土壤 pH 主要影响土壤中养分的有效性和微生物的活动，进而影响果树的生长发育，它的作用是间接的。例如，在 pH 7.5 以上的碱性土壤上，果树经常发生缺铁黄叶现象（缺铁失绿症），并不是土壤中缺少铁元素，而是因为 pH 高，铁成为不可利用状态，如果能把土壤 pH 调整到 7 左右时，不可利用的铁元素就可转化为可利用状态，缺铁失绿症也就减轻或消失了。其他如磷、硼、锌、镁等也都属同样的情况。由此看来，防治缺素症应以增施有机肥或有机质改土为主，单靠施用所缺元素，头痛医头，脚痛医脚，只能是辅助措施，治标而不治本。土壤 pH 还通过影响有益微生物的活动，间接影响果树生育。例如，在 pH 6.5 左右时，硝化细菌活动旺盛，能为植物提供较多的硝态氮素。菌根的发育一般也是在 pH 7 左右时最宜，调节 pH 可促进菌根发育，改善果树养分和水分的供应。至今对改变土壤 pH 尚无特效易行的简便方法，主要对策还是靠增施有机质、有机肥，尤其是在北方碱性土壤上更是如此。

此外，土壤含盐量对樱桃根系生长也有影响。在超过 0.2%的情况下，新根生长就受抑制；超过 0.3%时，根系就受毒害。由此，根生长和机能活动受到限制，地上部开始出现各种元素的综合缺乏症，随后出现盐害，枯梢焦叶。在含盐量高的沿海地区土壤上栽培樱桃，一般长势都不太理想。不过近期试验证明，在轻盐土上栽果树，如果能采用树盘覆草、地膜覆盖或滴灌，可以有效地减轻盐害，达到丰产的目的。

以上所讨论的影响根系生长和吸收活动的外部因素（土壤水、肥、气、温、pH、微生物、含盐量等），都是同等重要、不可代替的。只有各种因素同时具备又适宜时，才构成最佳的土壤环境，果树根系的生长和吸收功能才最强。任何一个条件不适宜，也会产生不良影响，不同程度地抵消其他条件的作用。因此，果园土壤改良、施肥和水分调节，必须综合考虑各种条件，十分注意它们的同步效应，才能达到最优化效果。事实上，各种因素之间经常处在矛盾状态。例如，温度低，即便水分、养分透气性都适宜，根也不能生长，吸收能力也差。冬季肥、水不能立即生效，原因就在此。

2. 改良土壤，扩大根系集中分布层　任何果园中，果树根系分布虽然有浅有深，有近有远，但都有一个相对集中分布的层次，称为根系集中分布层。黏土地果园偏向上，一般在地表下 15～35 厘米的地方；沙土地果园偏向下，一般在 20～40 厘米的区域。为什么果树根系会出现相对集中分布的特点呢？依据根生长与土壤环境相适应的特性来分析，这是由于土壤条件越适宜、越稳定的地方，根系生长越好，而且存留越多的缘故。因此可以说，根系集中分布层实际上是土壤环境中的生态（水、肥、气、温等）最适层。创造和扩大生态最适层是果园土壤改良和土壤管理的基本任务。

果园土壤中的水分状况越向下层越稳定，温度条件也是这样。但是，土壤透气性却相反，越向下层越差。由于下层透气性变劣，好气性微生物活动也受到影响，因此被释放出的有效态养分也减少。总的来看，影响根系集中分布层向下扩展的因素主要是透气性。

深翻熟化下层土壤是诱使根系集中分布层向下扩展的主要措施。尤其是土质较黏的土壤，更多的增施较粗的有机物（如秸秆、细碎树枝之类），以便使下层有更多的孔隙，改善其透气性。在沙质土果园中，则着重改良下层的沙性，提高保水保肥力，均匀掺加黏土及有机肥更为重要。地下水位过高的果园，应重视排水以降低地下水位。山地果园土壤下层为岩石的，必须扩穴换土。

任何土壤都分活土（熟土、阳土）和死土（生土、阴土）两层。根系集中分布层在活土中，但不是从地表就开始，而是从地表下 10～15 厘米处向下才大量生根。为什么靠近地表的活土中根量很少呢？仔细分析一下就可知道，这个部位的土壤，虽然透气性最好，有效态的养分也最富集，但春天易干旱，夏季土温太高，冬天又特别寒冷，一年四季水分和温度条件很不稳定，影响根的生长和存活。地表这一层实际上是生态不稳定层。如何把这一不稳定层改造成为水、肥、气、温等条件都稳定的土层，也是扩大根系集中分布层的一条重要途径。以往生产中只注重了深翻熟化向下扩大，而不同程度地忽视了向上扩大。根据山东农业大学几十年的研究，通过地膜覆盖或树盘覆草两种方法，可以使土壤表层变成水、肥、气、温稳定而适宜的土层，使根系集中分布层向上扩大。在山地、轻盐地上显示了壮树、丰产、降低成本等良好效果。近年来已先后在山东、河北、河南、甘肃定西等地被采用，面积已超过四万亩，经济效益显著。

（1）地膜覆盖、穴贮肥水。地膜覆盖使用农用塑料薄膜，只覆盖树盘（与树冠大小相同的地面部分）。覆盖前最好先整出树盘，浇一次水，施用适量（0.5～2千克碳酸氢铵或0.25～1千克尿素，依树大小而定）化肥。然后将地膜盖上（面积视树冠大小而定），四周用土压实封严。覆膜后一般不再浇水，也不再耕锄。一年之后，当原有地膜老化破裂之后，可再覆一次。膜下长出的草不必锄掉，因又黄又嫩不结子，两年之后就不再长草了。

在特别瘠薄干旱的山地果园，旱季为了便于追肥灌水，可结合地膜覆盖挖穴贮肥水的办法（图6）。即在树盘中挖深40～50厘米、直径40厘米左右的穴，将优质有机肥约50千克与穴土充分拌和，填入穴中，也可加入一个草把，然后浇水再覆盖地膜。在穴上地膜中戳一小洞，平时用土封严，追肥灌水时扒开土，灌入少量肥水（30千克左右），水渗入穴中再封严。这种方法省肥省水，增产效果很大。施肥穴可每隔1～2年改动一次位置。

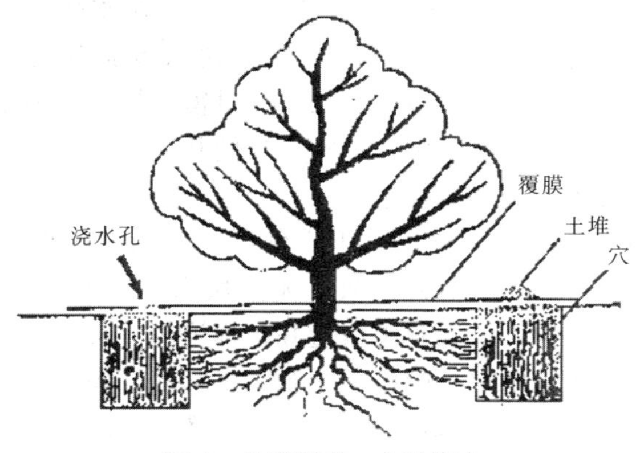

图6 地膜覆盖、穴贮肥水

地膜覆盖，大大减少了地面蒸发和水分消耗，膜下土壤湿润，全年相对稳定。覆膜后，冬季表层土壤不过冷，很多情况下不结冻，根系过冬安全，早春地温上升快，新根发生早，有利于水分养分及时吸收并供给地上部萌芽、开花、抽条、展叶所需。夏季膜下水汽凝聚，形成类似反光膜，反射强光，土温也不高，不至于抑制根系活动；由于覆膜后水分、温度条件改善，透气性良好，土壤微生物活动旺盛，释放出来的有效养分较多。这一切都为根系生长和吸收创造了同步的适宜条件，避免了灌水造成的水气矛盾，早春灌水降低土温等副作用，对根系的活动和水分、养分稳定吸收供应是非常有效的。此外，地膜覆盖节省了耕地除草用工，也减少了耕锄对土壤团粒结构的破坏。地膜的增产作用在大面积统计，为35%～60%，而成本每平方米只有6分钱，大树覆盖9米^2，只需投入很少的钱。产投比值很大，十分合算。

在覆盖地膜的前提下，再结合穴贮肥水，进一步创造了一个水分充足、养分富集、透气良好的局部环境，穴的周围新根密集，活动旺盛。这种局部根密度和功能增强的作用，基本满足了地上部枝、叶、花、果生长的需要。由于穴贮肥水，用肥水经济，在干旱瘠薄的山区很有大面积采用的价值。

（2）树盘覆草。在草源、作物秸秆充足的地方，以草代膜，实行树盘覆草，更为有利。覆草除兼具地膜覆盖保水防旱，冬季增温夏季降温，改善透气性，增进微生物活动和增加有效养分等作用外，由于草下无光，杂草不再生长，而且覆草烂后，表土有机质大大增加，土壤结构明显改善，果实生长健壮，产量倍增，这比地膜覆盖只加速有机质分解更优越。

3. 增加基肥，集中施用　丰产优质樱桃园的土壤有机质含量应在2%以上。但目前绝大多数果园土壤有机质贫乏，不到1%。这就需要广开肥源，增加基肥数量并合理施用。

有机肥用作基肥，其中包括圈肥、牛马粪、兔粪及鸡粪等。这些肥料中除含有种类比较完全的养分元素（如氮、磷、钾、硫、钙、镁、铁、锰、硼、锌、铜等）以外，还含有大量有机质。它不仅可基本满足果树对各种养分的需要，还能改良土壤，增进地力。

不良的土壤是无结构的，犹如一盘散沙，缺少团粒结构。由于团粒结构的形成主要靠腐殖质，而腐殖质是由有机质或有机肥分解产生的。因此，为了形成有团粒结构的土壤，只有靠大量增施有机质和有机肥。有机肥施不足，土壤微生物不仅分解了肥料，而且还分解原有的腐殖质，进而破坏了已有的团粒结构。有机肥不足，长期施用化肥后土壤板结地变硬，就是这个道理。

目前，果园有机肥普遍不足。为扩大肥源，一方面要发展饲养多积肥，另一方面要广种绿肥。适于北方条件的绿肥，多年生的有紫穗槐、小冠花、苜蓿、三叶草。一年生的有苕子、田菁、柽麻、箭筈豌豆等。果园地边、地沿可种紫穗槐，一年割 2 次，6 月初割第一次作绿肥，落叶后割第二次作条编。1 墩生长好的 3～4 年紫穗槐，一次可割鲜梢叶 3～4 千克，8 墩可割 25 千克，相当于 150 千克优质圈肥，基本上可满足一株产 20 千克的樱桃树需要。此外，无灌水条件的果园行间、株间种小冠花或初雨后种田菁等一年生绿肥，借降雨生产绿肥，以满足果树需要。在有水浇条件的果园里，行间种绿肥，肥源潜力是很大的，以地养地，大有可为。

在有机肥暂时不足的情况下，基肥最好采用集中穴施的方法。这样，既可充分改良土壤，又可充分发挥肥效。集中穴施，就是在树冠周围或树盘中开深 50 厘米、直径 50 厘米左右的穴集中施用。

4. 肥水一体化新趋势　传统上灌溉和施肥都是分开进行的。但近年来在一些果园管理技术先进的地区已率先试验推广果园肥水一体化技术。其理论根据是养分到达根系表面被吸收主要通过质流和扩散两个过程，这两个过程都要有水的参与才能进行。通俗讲，就是肥料必须溶解于水才能被根系吸收。不被溶解的肥料或根系接触不到的肥料对作物是没有用的。如果把肥料先溶解于水，然后浇灌、淋灌或通过滴灌等管道施用，这样果树根系一边吸水，一边吸肥，就会大大提高肥料的利用率，果树生长更加健壮。水肥同时使用的果园管理技术就称为水肥一体化管理技术。特别是采用管道灌溉和施肥后（果园最适宜用滴灌或微喷灌），可以大幅度节省灌溉和施肥的人工，几百上千亩的灌溉和施肥任务可以一人完成；大量节省肥料，通常比常规的施干肥要省一半肥料；滴灌最节水，只灌溉根部。采用水肥一体化后，果树长势整齐，高产优质，提早采收。由于水肥一体化技术是一种科学、节省、高效的水肥管理技术，在发达国家的果园中得到普遍应用，尤以滴灌施肥最普及。

对于一个现代化果园，必须要有完善的灌溉设施。很多果园水的问题解决了，但由于施肥不合理，仍然存在产量低、品质差、叶片缺素症普遍等问题。采用水肥一体化技术，很容易做到平衡施肥、合理施肥，一般可以使果树处于营养正常水平，最终表现为果大、果甜、外观靓丽、商品率高。

最简单的水肥一体化技术就是将肥料溶于水，然后人工淋施到每株树的根部。一些果园建沤肥池，将人畜粪尿、花生麸、豆饼沤烂后，用水泵加压直接用拖管淋施到每株树。化肥也可以用这种办法施用。用这种办法已经比传统的灌溉和施肥前进了一大步，它做到了水肥结合，是符合科学原理的。但这种办法的缺点是耗费大量人工，同时施肥也不精确。对几亩十几亩的平地果园还可勉强做到，但对于成百上千亩的平地或山地果园，这种办法也是效率很低的。对规模化经营的果园，建议安装滴灌施肥系统。它有很多突出优点：一是容易做到水肥一体化，实现灌溉和施肥有机结合；二是做到果园每株树均匀供水供肥，不受地形和高差的限制；三是灌溉和施肥的效率高，几百上千亩的灌溉和施肥任务一人可以在两三天完成；四是经久耐用，系统寿命可达 8 年以上；五是果树生长快，产量高，品质好。

下面简要介绍滴灌施肥的主要系统构成和步骤。

滴灌施肥系统主要由以下几部分构成：水源（山泉水、井水、河水等）、加压系统（水泵、重力自压）、过滤系统（通常用 120 目叠片过滤器）、施肥系统（泵吸肥法和泵注入法）、输水管道（常用 PVC 管埋入地下）、滴灌管道。主要的投资为输水管道和滴灌管道。通常主管和支管采用 1～4 寸* PVC 管（依轮灌区大小而定）。

---

* 寸为非法定计量单位。1 寸≈3.3 厘米，余同。——编者注

1寸管可负责10亩左右的轮灌区，4寸管可负责150亩左右轮灌区。滴灌管平铺于果园地面。对平地果园而言，选用直径12～20毫米、壁厚0.3～1.0毫米的普通滴灌管，山坡地则选用压力补偿滴灌管，直径16毫米、壁厚1.0毫米以上。滴头流量为每小时2～3升，滴头间距60～80厘米（滴头流量、间距的选择与土壤质地有关，沙性土壤选大流量小间距，黏性土选小流量大间距）。滴灌管铺设长度150米以内，出水均匀度90%以上。此流量的滴头下土壤的湿润直径可达50～100厘米（沙性土直径小，黏性土直径大）。

滴灌要求的压力很低，一般在10米水压左右。通过滴灌系统施肥非常方便，只要在固定地方倒入施肥池即可。从最节省投入的设计看，一般同时一次滴灌面积约40亩，每次2～3小时。对一般土壤，每次滴灌的时间不要超过5小时，对沙土，滴灌不要超过2小时，采取少量多次的原则。一般3～5天滴1次。天气炎热干旱时增加滴灌频率。在果实生长期，维持土壤处于湿润状态，可防裂果。施肥采用"少量多次"的原则。对于第一次采用滴灌的用户，施肥量在往年的基础上减一半（如传统施肥用100千克，现在滴灌施肥只用50千克）。滴灌用的肥料种类很多，选择的原则就是完全水溶或绝大部分水溶。一般用尿素、氯化钾（白色粉末状）、硝酸钾、硝酸钙、硫酸镁等。各种颗粒复合肥因溶解性差和含杂质，一般采取土壤施用；硫酸镁不能和硝酸钾或氯化钾或硝酸钙同时使用，否则会出现沉淀。各种有机肥要沤腐后用上清液，鸡粪是最好的肥源。磷肥一般不从滴灌系统用，常在定植时每株用1.5～2.0千克过磷酸钙作基肥。各种冲施肥可以通过滴灌系统施用。

以往有关部门做了很多滴灌的示范，大部分并不成功。其原因主要是滴灌堵塞问题。滴灌系统一定要装过滤器，密度120目或140目。当滴完肥后，不能立即停止滴灌。还要至少滴半小时清水，将管道中的肥液完全排出。不然的话，会在滴头处长藻类、青苔、微生物等，造成滴头堵塞。这个措施非常重要，是滴灌成败的关键。目前的滴灌技术已相当先进和完善，从我们的经验看，主要问题都出在设备安装后的管理上。如能掌握一些基本的滴灌施肥知识，使用起来相当方便。

一般1亩果园滴灌设备（含滴灌管、滴头、输水管道、过滤器、水泵、施肥设备等）投资600～1500元，使用寿命3～15年。总体来讲，面积越大，单位面积投资越小。目前各种作物滴灌施肥技术刚刚起步，处于推广初级阶段。当该技术普遍应用时，单位面积设备投资还会降低。

目前，我国在果树上滴灌应用还不很普遍，主要原因是果农对滴灌存在误解。滴灌是小流量灌溉，每小时一个滴头才出几千克水。很多人认为这样"一滴一滴"出水，根本满足不了果树庞大的树体需要。但滴灌是通过延长灌溉时间和减少土面蒸发来满足根系水分需求。这种方式灌水，可以保证土壤水气的协调。同时滴灌最方便施肥，施肥时间长，施肥同时根系已在吸收，肥料见效快，好像人打"点滴"一样。

水肥一体化技术目前已在多种作物上大面积推广，主要有棉花、西瓜、香蕉、蔬菜、花卉、马铃薯、柑橘、荔枝等。几乎所有的示范和应用，都显示了该技术节工、节水、节肥、高效、高产、优质、环保的综合优点。目前全国农技推广服务中心在大力推广这套技术，部分省份制定了滴灌补贴政策。希望有条件的大樱桃果农或公司积极试验应用这一先进灌溉施肥新技术，使樱桃的管理水平再上一个新台阶。山东莱州市南十里的任德祥就土法自制了一整套施肥灌溉系统，投资少，效果特别显著。

（五）主要病虫种类及防治措施

1. 主要虫害及防治

（1）红颈天牛。

①为害状。幼虫蛀食枝干，先在皮层下纵横串食，然后蛀入木质部，深入树干中心，蛀孔外堆积木屑状虫粪，引起流胶，严重时造成大枝以至整株死亡。

②形态特征。成虫体长28～37毫米，黑色有光泽，前胸背部

棕红色。触角鞭状，共 11 节。卵长椭圆形，长 3～4 毫米，老熟幼虫体长 50 毫米，黄白色，头小，腹部大，足退化。蛹体长 36 毫米，荧白色为裸蛹。

③生活习性。2～3 年发生 1 代。以幼虫在树干隧道内越冬。春季树液流动后越冬幼虫开始为害。4～6 月老熟幼虫在木质部以分泌物黏结粪便和木屑作茧化蛹。6～7 月化为成虫，钻出交尾，产卵在树干和粗枝皮缝中，产卵后 10 天卵孵化为幼虫，蛀入皮层内。一直在枝干内为害。

④防治方法。成虫发生期（6 月下旬至 7 月中旬）中午多静伏在树干上，可进行人工捕杀。在 6 月上中旬成虫孵化前，在枝上喷抹涂白剂（硫黄 1 份＋生石灰 10 份＋水 40 份）以防成虫产卵。在为害初期，当发现有鲜粪排出蛀孔时，用小棉球浸泡在 80%敌敌畏乳剂 200 倍液或 50%辛硫磷 100 倍液中，而后用尖头镊子夹出堵塞在蛀孔中，再用调好的黄泥封口。由于药剂有熏蒸作用，可以把孔内的幼虫杀死。

（2）金缘吉丁虫。

①为害状。幼虫蛀入树干皮层内纵横串食，故又叫串皮虫。幼树受虫害部位树皮凹陷变黑，大树虫道外症状不明显。由于树体输导组织被破坏引起树势衰弱，枝条枯死。

②形态特征。成虫体长 20 毫米，全体绿色有金属光泽，边缘为金红色故称金缘吉丁虫。卵乳白色椭圆形。幼虫乳白色，扁平无足，体节明显。

③生活习性。1 年发生 1 代，以大龄幼虫在皮层越冬。翌年早春越冬幼虫继续在皮层内串食为害。5～6 月陆续化蛹，6～8 月上旬羽化成虫。成虫有喜光性和假死性，产卵于树干或大枝粗皮裂缝中，以阳面居多。卵期 10～15 天。孵化的幼虫即蛀入树皮为害。长大后深入木质部与树皮之间串蛀。虫粪粒粗，塞满蛀道。

④防治方法。加强管理，避免产生伤口，树体健壮可减轻受害。成虫羽化期喷布 80%的敌敌畏乳剂 1 000 倍液，或 90%晶体敌百虫 200 倍液，刮除老树皮，消灭卵和幼虫。发现枝干表面坏死

或流胶时，查出虫口，用80%敌敌畏乳剂500倍液向虫道注射，杀死幼虫。也可以利用成虫趋光性，设置黑光灯诱杀成虫。

（3）苹果透翅蛾。

①为害状。以幼虫在枝干皮层蛀食，故又名潜皮虫、粗皮虫。蛀道内充满赤褐色液体，蛀孔处堆积赤褐色细小粪便，引起树体流胶，树势衰弱。

②形态特征。成虫体长9～13毫米，全体蓝色，有光泽，翅透明，静止时很像胡蜂。幼虫体长22～25毫米，头部乳白色，常沾有红褐色的汁液。

③生活习性。1年发生1代。以幼虫在皮层内越冬，翌年春天继续蛀害皮层。5月中下旬，老熟幼虫先在被害处咬一圆形羽化孔，然后用木屑、粪便等黏成茧。在茧内化蛹，6～7月羽化成虫，白天活动，交尾，成虫多在粗皮裂缝、伤口处产卵，孵化后的幼虫蛀入皮层为害。

④防治方法。在主干见到有虫粪排出和赤褐色汁液外流时，人工挖除幼虫，或者在发芽前用50%敌敌畏乳剂油10倍液涂虫疤，可杀死当年蛀入的皮下幼虫。在成虫羽化期喷80%敌敌畏乳剂800～1 000倍液，喷2次，间隔15天，可消灭成虫和初孵化出的幼虫。

（4）金龟子。金龟子种类很多，主要有苹毛金龟子、铜绿金龟子和黑绒金龟子。

①为害状。主要啃食嫩枝、芽、幼叶和花等器官。

②形态特征。苹毛金电子体形较小，翅鞘为淡茶褐色，半透明。铜绿金龟子体形较大，背部深绿色有光泽。黑绒金龟子体形最小，全身被黑色密绒毛。

③生活习性。3种金龟子都是1年发生1代，幼虫在土中活动，成虫出土为害时间不同：苹毛金龟子在4月下旬至5月上旬出土为害，成虫有假死性；铜绿金龟子在6月中旬出土为害，杂食性，成虫有假死性，对黑光灯等光源有强烈的趋光性；黑绒金龟子4月上旬开始出土，4月中旬为出土高峰，有假死性和趋光性。

④防治方法。在成虫发生期，利用其假死性，早晨振动树梢，用振落法捕杀成虫。在发生为害期，用50%辛硫磷乳剂1 500～2 000倍液或西维因可湿性粉剂600倍液，或50%杀螟松乳油1 000倍液均有较好的防治效果。另外可于傍晚用黑光灯诱杀。

（5）桑白介壳虫。

①为害状。主要为害樱桃、李、杏等核果类果树，成虫、若虫在枝干上吸食汁液，枝条枯萎，甚至全树死亡。

②形态特征。雌成虫介壳近圆形，直径约2毫米，略隆起，有轮纹，灰白色，壳点黄褐色。雄虫介壳鸭嘴状，长1.3毫米，灰白色，壳点黄褐色位于首端。

③生活习性。1年发生2～3代，以受精雌成虫在枝条上越冬。第二年4月中旬至5月上旬产卵于介壳中，雌虫产卵后即干缩死亡，卵经7～15天孵化，从壳中爬出若虫，分散到枝条上为害，经过8～10天后虫体上覆盖白色蜡粉，逐渐形成介壳。雄虫在6月成虫羽化，与雌虫交尾后很快死去，雌虫即产卵再产生若虫。在山东1～3代若虫分别出现在5月、7～8月和9月，最后一代雌成虫交尾受精后越冬。

④防治方法。在冬季抹、刷、刮除树皮上越冬的虫体，并用黏土、柴油乳剂涂抹树干（柴油1份＋细黏土1份＋水2份，混合而成），可黏杀虫体。在发芽前喷5波美度石硫合剂。在各代初孵化若虫尚未形成介壳以前（5月中旬、7月中旬、9月中旬），喷0.3波美度石硫合剂，或喷20%杀灭菊酯乳油3 000倍液或灭扫利2 000倍液。

（6）大青叶蝉。

①为害状。幼虫叮吸枝叶的汁液，引起叶色变黄，提早落叶削弱树势，成虫产卵在枝条树皮内，造成枝干损伤，水分蒸发量增加，影响安全越冬，引起抽条或冻害。

②形态特征。成虫体长7～10毫米，体背青绿色略带粉白，后翅膜质灰黑色。若虫由灰白色变为黄绿色。

③生活习性。每年发生3代，以卵块在枝干春皮下越冬。第二

年早春孵化，第一、二代为害杂草或其他农作物，第三代于 9～10 月为害樱桃，产卵时，产卵器划破树皮，造成月牙形伤口，产卵 7～8 粒，排列整齐，形成枝条伤痕累累。成虫趋光性极强。

④防治方法。消灭果园和苗圃内以及四周杂草。喷 80%敌敌畏乳剂 1 000 倍液或 20%氰戊菊酯 1 500～2 000 倍液，杀死若虫和成虫。利用成虫趋光性，设置黑光灯诱杀成虫。

（7）卷叶虫。

①为害症状。该虫以幼虫为害叶，也为害嫩芽和果面。典型症状是吐丝将两叶粘连，粗看就像一片黄叶落于另一叶上，翻开即可见小幼虫栖息其中。有的则是将一叶折叠或相近多叶粘连并潜于其中栖食，被害叶常表现为黄色。幼树园因防治少而更常见该虫。

②防治技术。

越冬期：一是刮除老翘皮；二是在发芽前用 500 倍液敌敌畏等药液涂抹剪锯口及老翘皮，以杀死茧中越冬幼虫。

生长期做好各代喷药防治。药剂可选用 25%灭幼脲 2 000 倍液或 20%杀灭菊酯 2 000 倍液等。因喷药对潜于卷叶内幼虫不是很理想，所以各代应掌握在初见卷叶时喷药为好。这样可起到杀蛾灭卵或杀灭初孵幼虫的效果。若喷药数天后仍见该虫明显应补治 1 次，但灭幼脲药效期较长一般不需补治。

避开采果期喷药。为了防止药剂污染果面，应在压前控后做好前期各项防治工作的基础上：对采果期会发生的病虫害包括枝干病虫应酌情提前于采果前 10 天左右即 5 月 20 以前或推迟于采果结束后即 6 月 20 日左右来进行喷药防治。因为卷叶虫及其他病虫多只为害叶或不直接为害果，所以这样做既是可行的，也是科学的。

有条件的可使用杀虫灯或糖醋液诱杀成虫。

病虫兼治。在喷药防治主要病虫时应考虑次要或潜在病虫，单药不能兼顾的应考虑混药兼治。尤其要兼顾病虫兼治，同时还要注意一般杀虫剂不能兼治的害螨或桑白蚧，在有的果园要加药防治，必要时可调整防治时间来兼顾。另外，喷药防治叶面病虫害时，应注意将药液喷于枝干上，以兼治或抑制流胶、干腐、桑白蚧等枝干病虫害。

（8）害螨。

①为害症状。常见有山楂叶螨和二斑叶螨，俗称红、白蜘蛛。成、若、幼螨均可刺吸嫩芽、叶汁。一般是从枝条基部向中上部叶逐步为害，指示症状为叶面主脉两侧变黄，翻开叶背可见有螨虫。螨虫为暗红色并吐有绒丝的（有时可见有极难看清的螨卵）多可诊为山楂叶螨，若体色为半透明、淡绿色或淡白色则是二斑叶螨。

②防治技术。冬春刮除老翘皮、清埋落叶，消灭越冬受精雌成螨；樱桃发芽前喷洒3～5波美度石硫合剂对害螨也有较好抑制效果；生长期喷药挑治或兼治，药剂可选用20%哒螨灵2 000倍液或1.8%阿维菌素3 000倍液等杀螨剂。凡是发生害螨的果园都要注意防治。防治标准：落花后，平均每叶有成螨1～2头。采果后，平均每叶有螨4～5头。注意避开采果期喷药。

（9）潜叶蛾。

①为害症状。靠近桃园的樱桃树常见该虫为害，但为害一般远比桃园轻。典型症状是幼虫潜于叶肉内取食，使叶肉间出现条状弯曲虫道，虫道内可见有不明显的扇形小虫及虫粪。而后虫道会逐渐干枯使叶片破碎而破坏叶的功能。幼虫老熟后会破皮爬出并吐丝像吊床一样将自身悬附于叶背作茧化蛹。常多虫平行悬附于叶背化蛹。

②防治技术。冬春清埋落叶，消灭越冬茧蛹；一般可在喷药防治其他害虫时兼治，必要时可掌握在潜叶蛾各代成虫发生初期喷药杀蛾灭卵。药剂可选用25%灭幼脲3号1 000倍液，或20%速灭杀丁乳油2 000倍液等。

2. 主要病害及防治

（1）真菌性樱桃叶斑病。

①为害症状。樱桃叶斑病是大樱桃生长期主要病害之一。典型症状是叶斑和穿孔。早期主要在嫩叶发生，6月下旬以后多见于稍大的叶片上。早期症状特点先是在嫩叶表面出现针头状小紫斑点，几天后形成穿孔，穿孔较小，但随叶生长可扩大，但多不超过3～

4毫米或更小。个别树上（病斑）也有出现彩色环纹后再穿孔的现象。中后期在稍大叶片上发生，形成直径约5毫米、少数在3～4毫米的圆斑，褐色或铁锈色、病斑边缘清晰、略带深色环纹，粗看似彩色环斑。由于叶片生长和病斑枯死而使环纹逐渐开裂、脱落或少许相连而形成圆形穿孔。但中后期连续大雨后在大叶上也常出现彩环不明显的病斑或穿孔很小的甚至比针眼还小的圆形穿孔。

②防治技术。冬春彻底清埋枯枝落叶及落果，以减少越冬菌源；大樱桃树发芽前针对枝干细致喷1次3～5波美度的石硫合剂。一般在4月上旬后期即清明后喷洒为宜；谢花展叶后病斑初现时，可选用70%甲基硫菌灵可湿性粉剂600倍液，或50%多菌灵可湿性粉剂500倍液等保护性杀菌剂喷雾防治。第一次喷药较早或喷药后仍见明显病斑的，应在5月中旬的幼果期再喷药1～2次。对于上年发病严重的果园应在展叶后立即喷药防治，药剂也应改用70%可湿性代森锰锌500倍液或75%百菌清500～800倍液等铲除性药剂；避开采果期喷药。采果后应立即喷药防治，同时应结合其他病虫害发生情况每月喷药1次。药剂可交替选用上述杀菌剂并与1∶1∶200波尔多液交替使用。

（2）细菌性穿孔病。

①为害症状。樱桃叶部细菌性穿孔病极易与叶斑病或褐斑穿孔相混淆。其特点是在叶片出现半透明水渍状淡褐色小点后，迅速扩大呈圆形、多角形或不规则形病斑，颜色加深为紫褐色或黑褐色，周围有一淡黄色晕圈。湿度大时背面常溢黄白色黏质菌脓。病斑脱落后形成穿孔或一部分与叶片相连。

②防治技术。细菌性穿孔病一般多与其他叶部病害同时发生，所以在喷药防治其他叶部病害的药液中按200毫克/千克浓度加入农用链霉素或77%可杀得101可湿性粉剂800倍液等杀细菌药剂防治。可杀得等含铜杀菌剂对真菌性穿孔病和叶斑病也有较好防治效果，所以也可单用此药。

（3）樱桃干腐病。

①为害症状。真菌性病害，是大樱桃最主要病害之一。田间菌

源普遍，多因冻害或外伤诱发，进入结果期后多发，树势衰落容易发病。症状有多种表现：多在枝或树干上发生，果腐型在樱桃上少见。结果园多在 2～3 生枝条的中后部受冻的部位发生，开始时不易觉察，春天萌芽长叶时，只见萌芽不见长叶，形成一段空枝，剥开皮层可发现内皮及芽甚至木质部褐变死亡，有时枝条病部可达 30 厘米长。还有一种症状也在枝条的中后部发生，病部则表现出许多不连续的 1 厘米左右长的长椭圆形小横斑，病部仍可长叶，从枝皮表面看不出连续的病部。在主干及粗枝部位有时也常见单个或多个明显的病斑横列或纵列于枝干上。

②防治方法。增强树势，提高抗病能力，保护树体减少和避免机械伤口、冻伤和虫伤。发现病斑及时刮除，后涂腐必清、托福油膏或 843 康复剂等。春季芽萌发前喷 5 波美度石硫合剂。生长期喷药防病时注意树干上多喷，减少和防止病菌侵染。

（4）根癌病。

①症状及发病情况。根癌病又称为根头癌肿病，主要发生在根颈处和大根上，有时也发生在侧根上。主要症状是在根上形成大小不一、形状不规则的肿瘤，开始是白色，表面光滑，进一步变成深褐色，表面凹凸不平，呈菜花状。樱桃感染此病后，轻者生长缓慢，树势衰弱，结果能力下降，重者全株死亡。

②防治方法。建园时应选土质疏松、排水良好的微酸性沙质壤土，避免种在重茬的老果园中，特别是在樱桃园及桃园上不要再种樱桃。育苗也要选用种大田作物的地。引种和从外地调入苗木时，选择根部无瘤的树苗，并尽量减少机械损伤。对可能有根癌病的树苗，在栽前用根癌灵（K84）30 倍液或中国农业大学植物病理系研制的抗根癌菌剂 2～4 倍液蘸根。对已发病的植株，在春季扒开根颈部位晾晒，并用上述菌剂灌根，或切除根癌后，将杀菌剂涂浇患病处杀菌（详见后章专述）。

（5）流胶病。大樱桃流胶病是世界樱桃种植区普遍发生和为害的常见、多发性病害。国内对它的研究主要集中于观察外部症状表现和影响发病的因素，国外则已经对病害的发病机理和致病菌进行分离鉴定，目前已完全掌握了对该病的防治技术（详见后章专述）。

（6）樱桃病毒病。

①种类及病症。由病毒引起的一类病害称病毒病，是影响樱桃产量、品质和寿命的一类重要病害。欧美各国已有较深入的研究，到1996年已有记载的甜樱桃病毒病多达40种。例如樱桃衰退病、樱桃黑色溃疡病、樱桃粗皮病、樱桃小果病、樱桃卷叶病、樱桃斑叶病、樱桃锉叶病、樱桃坏死环斑病、樱桃花叶病、樱桃白花病等。

②防治途径。果树一旦感染病毒则不能治愈，因此只能用预防的方法。首先要隔离病源和中间寄主。发现病株要铲除，以免传染。对于野生寄主（如国外报道的苦樱桃树）也要一并铲除。观赏的樱花是小果病毒的中间寄主，在甜樱桃栽培区也不要种植。第二要防治和控制传毒媒介。一是要避免用带病毒的砧木和接穗来嫁接繁殖苗木，防止嫁接传毒；二是不要用染毒树上的花粉来进行授粉；三是不要用发病树上结的种子来培育实生砧，因为种子也可能带毒；四是要防治传毒的昆虫、线虫等，如苹果粉蚧、某些叶螨、各类线虫等。第三要栽植无病毒苗木，通过组织培养，利用茎尖繁殖，微体嫁接可以得到脱毒苗，要建立隔离区发展无病毒苗木，建成原原种、原种和良种圃繁殖体系，发展优质的无病毒苗木。

3. 大樱桃更新改建中的重茬问题 大樱桃果园更新改建中重茬病可导致幼园成活率低、生长势衰弱、难坐果、果个小、缺素症、流胶病、根腐病等，既浪费资源，也妨碍生产发展。山东莱州的任德祥经多年的实践探索，在这些问题上已有一些成熟经验，简介如下。

（1）樱桃园再植重茬的原因。

①土壤生物原因。樱桃树植株在同一地点上长期生长，某些病原微生物菌残留在土壤中或存在于植株残体内大量繁衍，数量逐年上升。重茬栽培时，由于幼苗、弱树抵抗力差，易感病。如根结线虫在土壤中逐年成倍增加，破坏植株根系，致使植株根部腐烂、纵裂，须根减少，影响植株正常生长。

②营养元素亏缺或失衡。植株在同一地点土壤中长期生长会片面地消耗土壤中某些营养元素，造成土壤中营养元素生理失衡，一些营养元素不断减少，植株营养元素失衡导致缺素症。

③自毒现象。植株的自毒现象是指前茬作物长期吸收土壤中养分的同时也排出一些自身毒素残留在土壤里，再加上前茬植物砍伐后总有部分残体残留在土壤中，在腐烂分解过程中，会产生毒素，造成对新植株的侵染毒害，影响新栽植株成活率和生长。

重茬病害是上述原因单独作用或共同作用的结果。调查证实，重茬病害发生规律是，前茬植物栽培年限越长病害越重。同龄树在黏地里的重于在沙地里的，清耕地里的重于生草地里的，施用化肥的重于施用有机肥的，施用除草剂的重于不用的，施用生长调节剂的重于不用的，浇水不及时的重于适时浇水的，栽小苗的重于栽大苗的，栽弱苗的重于栽壮苗的。种种迹象表明，土壤生态环境优劣、栽培管理方式，会直接影响着重茬病害程度，苗木自身免疫能力强弱也是防治重茬病的重要环节。

（2）有效、实用克服重茬的技术措施。

①沃土、养根、壮树是基础。重茬病只是土壤病害中的一种，想彻底防治根除它，必须从土、肥、水综合管理进行全面改革入手，走自然生态循环管理模式。老任自 2000 年起，首先禁用除草剂，除草剂会导致土壤板结，板结的土壤会造成部分根系因缺氧而窒息死亡，除草的同时也损伤根系。停用 PP_{333} 等植物生长调节剂，试验结果证实，在抑制新梢生长的同时也抑制根系生长。使用不当对树体各组织器官都会造成伤害，致使树体早衰死亡。自 2003 年起改清根制为全园生草制，用背负式割草机割草 3 次，分别在樱桃果实采收前几天和 7、8 月份各进行一次，每年每亩燃油和绳费用 15 元左右。落叶归根，还收集各种杂草，如玉米秸、花生蔓等盖于树盘内，以保湿、增加土壤有机质含量。过去是买鸡粪回来用塑料布覆盖发酵 1 年后使用，自 2004 年起改用生物有机肥。同样的投入，效果有别。自己搞的有机肥施用后有松土作用，可主根呈褐色，须根少，吸收根寿命短。而生物有机肥主根新鲜浅黄色，须根

多，有的吸收根休眠期仍为白色，可越冬。自2007年起，选用高浓缩海藻有机肥“生根膨大海藻原粉”。自制脚踏式施肥枪，实行肥水一体化施肥法。自2008年起，改大水漫灌为带式微灌（每亩投资300～400元，最低可用5年）。

常年土壤含水量保持在70%～90%，利用微生物喷淋施肥试验成功。以海藻有机肥为基准，在不同生育期灵活匹配少量与树势相适应的化肥调节树势。这一系列的改革措施使果园管理变被动为主动，降低50%～70%成本，果园呈现一派盎然生机，病虫害显著降低，缺素症基本消失，大樱桃病毒病得到有效抑制。树体长势均衡，开花、萌芽整齐，叶片大、厚，有光泽，落叶晚，果实提前3～5天成熟，优质果率显著提高，果肉硬，表光亮，口感好。

②培植苗木是关键。

砧木选择：实践证明，大青叶和山东草樱种子苗表现主干直立，分杈少，叶片大，在本地表现固地性好，深浅层根同时具备抗逆抗病，砧穗组合牢固。

品种选择与采集接穗：本地位于胶东半岛西部，北临莱州湾，东依云峰山，物候期在半岛地区最早，适宜发展早熟品种。首选岱红、红灯作主栽品种，佐藤锦作授粉树，接穗取自结果多年表现良好树中上部长枝，只用一代。

嫁接：时间分春（3月上中旬）、秋（9月上中旬）两次。船底式一刀梢。塑料条露芽绑缚法。嫁接部位在砧木侧根以上约5厘米处。研究证明，嫁接部位高低直接影响着大樱桃树的生产能力。地面以上至第一侧枝以下为主干。理想的大樱桃树主干应由接穗生长而成，原因是砧木和接穗的材质成分是不同的，嫁接部位高低决定主干的材质成分。嫁接部位过高会因砧穗材质成分不协调导致产生小脚病。嫁接部位随树龄增加而增粗，但却不增高。嫁接愈合组织细胞呈横向排列。细胞壁之间极易产生不定根，这种根是否是大樱桃接穗自生根目前还不明确。但是这种根的生长势、根系寿命、吸收能力随树龄增加超过原砧木。嫁接部位低时，随树干增粗，紧贴地面，无需培土，会自生不定根，这是大樱桃苗木培育不可忽视的重要环节。

假植大苗，圃地整形：选旱能灌、涝能排的生茬地做畦。背宽40厘米，畦面宽80厘米，每畦栽一行，株距70～80厘米，假植期3年，每亩施生物有机肥1吨，和生根膨大海藻原粉806号，撒入畦内，平畦。一次性投肥，全是优质有机肥，营养全面均衡。从营养调配上克服岱红、红灯萌芽力高，成枝率差，生长过旺，死枝死芽的弊端。樱桃苗栽前进行根系修剪。主根留10厘米左右，侧根要求四周均匀。粗大的进行重或极重短截，栽后适时浇水、划锄和病虫害防治。只要不是碱性药，结合喷施300～500倍液的原粉液，既可补充营养又能增加药效。

③搞好移栽要重视。提前清除前茬植物植株残体。挖大于新栽树侧根直径1/3的坑。坑中心距地面深15～20厘米，四周30厘米，呈馒头状，株施生根膨大海藻原粉2.5千克浅翻，搅匀。原粉营养全面均衡，兼具杀菌、清毒、驱除作用。落叶至大地封冻前移栽。起苗尽量多带原土。运来苗放入坑中，先用表土培住根系，再盖上草、树叶、农作物秸秆等有机物。外深内浅，添上原土，用原粉500液浇透。这样栽的树来春看不出缓苗来，这种树体结构生长点多，树势均衡。生长量大，易成花早果。

（3）培养高光效树形。按改良纺锤形整形，第一、二年的主要作业目的是养根、稳芽、壮干，第三年的主要作业目的增加主干粗度，暴发性发侧枝，多多益善。成形后树体基本特征是，中干宏伟壮观，优势明显。侧枝平展（指基角）丰满，顺其自然，中干1.5米以上弱枝带头，折叠上升。假植3年主干直径可达5～8厘米，有主侧分枝8～15条。

3年基本成形后，其他管理与普通樱桃果园管理基本一致，按此操作规程基本可以达到在重茬地原地建园与新地建园相同的生长结果效果。

五、目前我国大樱桃种植中几大难点问题的研究进展

（一）冬季冻害与春霜冻的成因与防护

由于美国在果园冻害与防霜方面有丰富的研究基础和防护经验，所以本节将以美国的果园冻害防治为例加以说明。本节也会涉及其他如苹果等树种的冻害事例。

1. 冬季低温冻害 影响甜樱桃生产分布的最重要因子或许是冬季的最低温度。在任何果产区，如果时常出现不寻常的低温，则该地区甜樱桃的正常生长会受到普遍的损害。

人们现在常说气候变暖了，最严寒的冬季也已过去，但是现有的文献说明，这是不真实的。美国至少在过去的175年中，周期性的严寒大概每9年一次。很冷的冬季可以连续出现几年，而其后几年不出现。如从1900年计，这种“考验性的冬季”曾出现在：1903—1904，1906—1907，1911—1912，1917—1918，1933—1934，1935—1936，1954—1955，1964—1965，1968—1969，1972—1973和1976—1977年。

（1）结冻如何致死？研究者们至今尚无统一的意见。不同的研究者提出了不同的理念，而且有很广泛的试验研究支持他们的理论。加州大学W. H. Chandler认为，植物组织细胞间结冰而脱水是冻害致死的原因。众所周知，排除突然的降温变化，植物各部在逐渐地降温下，可达其正常致死温度以下数度而不结冰。试验表明如果植物组织如此处理后，并使之回暖到结冰点以上，因未结冰，则不发生伤害。我们还知道，花粉粒含水较少或不含水，可以承受－200℃的低温而不受伤害，但如果使之吸收少许水分，则结冰而致死。

一般快速解冻而迅速恢复含水是解冻过程中细胞受伤害的重要原因。事实上当组织结冻时，在细胞质的内、外都能看到冰块。对细胞死亡的另一种解释是，由于快速或不均衡的收缩结果，过分地挤压细胞质层，当水分溢出时则结冰于细胞壁间或每个细胞的细胞壁与细胞质间。有些植物组织有少许的冰即可致死，有的在致死之前则能忍受相当的结冰量。

受冻的树不只是边材中许多细胞死亡，还有许多导管被形成的黑色胶状物所堵塞。发生严重冻害之后，凡是树的边材有50%的细胞死亡或堵塞的则不能恢复，而只有20%的仍可恢复生长。

休眠组织受冻后损伤的程度受3个因素的影响：一是降温的速度，二是低温时间的长短，三是解冻的快慢。实际情况是温度降低得越快，到达最低温度受害越重。因此，这种情况下发生的伤害要比逐渐降温情况下发生伤害的温度还高些。几乎每个人都能记得，当某夜气温迅速下降到低限，则植物在该夜就会受到最大的伤害，而甜樱桃大多数的严重冻害也就发生在此时。如果迅速降温再加以大风，则植物组织冷却得更快，受害就更重。

在控制的温度下，冷却得时间越长，冬季型伤害越重。G. E. Potter认为，这种情况，伤害的加重可能是由于冷而干的风吹使部分组织失水而死亡。因为在低温条件下，水分在树体内运行很慢。

已冻的组织解冻越快，冻害表现越重。在春季霜冻，已受冻的叶片，在遮阴下的叶片和果实比之暴露在阳光下的常伤害较轻。另外，苹果在结冰点以上8℃缓慢的解冻，比之在更高的温度下很快的解冻，其褐变和溃败则少。

（2）组织的抗冻性。组织相对的抗冻性在冬季和夏季是不同的。当树在活跃的生长期，细胞越活跃则对低温越敏感，形成层和由形成层分裂出的排列在韧皮部和木质部的新生细胞首先冻死。如果秋季曾异常温暖，并有足够的水分以供给树体的活跃代谢作用。一般仁果类的产量较高，而且暴风雪来临之时树尚未落叶。T. J. Manoy报道，在依阿华州的Ames地区11月11日，早晨的温度是11℃，到中午发生了时速80千米的飓风，到夜间温度则降到

－13℃，以后 4 天的最低温度是－15℃、－19℃、－17℃和－19℃，除了根部未冻死外，地上部表现了各种形式的由低温而引起的仲冬伤害。如果形成层尚活跃，则树会全部冻死，第二年春天很少能从活着的根系发出根蘖，原因是高产树贮藏的碳水化合物更少些。当组织在仲冬充分成熟之后，形成层是最抗冻的，其次为树皮、边材和髓部。事实上，室内试验已经证明，充分成熟的形成层虽在低温情况下，也不会因结冰而受害。根系形成层抗冻最差，其次为皮部，成熟的边材和髓部则最抗冻。

显然，组织中碳水化合物的积累是成熟和抗冻的最重要因素。甜樱桃生长季中具有大量的健康叶片，且能及时停止生长，则常是在冬季最抗冻的。这可能是由于大量的碳水化合物贮藏于木质部和树皮的组织中。事实证明，早熟的苹果品种如花嫁、初笑、Hibernal 和黄魁等一般比晚熟品种（Haralson 品种例外）抗冻。

凡树具有弱或小的叶幕则首先受冻。叶幕弱可能是由于土壤排水不良、缺乏营养、干旱、药害、病虫为害或其他原因所造成。另一方面，由于生长过旺而消耗了大部营养物质，组织尚未充分成熟而进入冬季，因此遇到低温极易受害。高接的树，由于新去掉许多大枝，在严寒的冬天也易受冻。

前面所提到的这些事实说明，甜樱桃必须有适宜的条件，以利于碳水化合物的积累，组织才能充分成熟而越冬。可以说，一个组织充分成熟的不耐寒品种要比组织成熟不充分的耐寒品种抗冻。如果这是对的，就可以说明为什么在田间观察中，品种间冬季冻害许多明显的不一致情况。

（3）休眠和休眠期。落叶树种，当其叶片落掉和没有生长活动的标志时，称为休眠。但休眠的开始则先于休眠，而逐渐地加深。所以在秋末冬初即使温度、湿度和其他的外界条件都适于生长，甜樱桃的地上部也不再生长。休眠期对甜樱桃来说是非常重要的。因为在此期中它可不因仲冬的回暖而被迫生长，以致在严冬时被冻死。

甜樱桃是逐渐地进入和退出休眠的。在秋季早进入休眠期，第

二年解除休眠也早，反之，进入休眠期晚的，第二年解除休眠也晚。桃的休眠期比苹果解除得早，随之而来的暖流则会使其芽膨大而开放，最易因结冰而致死。有人曾在暖地的桃树进行了一套栽培和施肥试验，即施以氮肥和较重修剪，使树在秋季生长停止晚，从而进入休眠期晚。在这种情况下，常是解除休眠晚，因而可避免晚霜为害。但这种措施在冷凉的地区是很危险的，因为在仲冬的暖流并不成问题，而初冬的低温对于未成熟的组织则会造成伤害。

不同植物的休眠期可提前被干旱或者特殊的化学物质所打破。但是甜樱桃似乎低温才是打破休眠的最主要因素，许多苹果品种需要一定量的7℃以下的低温。某些甜樱桃品种如果不能满足其需冷量的要求则发芽晚，开花不正常。

2. 冬季冻害的类型 枝条和树皮有各种类型的伤害，如黑心、树干与大枝分叉处的伤害或树杈伤害、根茎伤害、冬季日烧、树干劈裂、嫩梢和小枝的冻死。现分述如下：

（1）黑心。这是冬季冻害最普通类型之一。受害枝的髓部常是冻死，且心材变黑。如果形成层和树皮还活着，则会变为发亮的棕色。黑色是由于在细胞内形成的黑色胶质物所致。足量有生活力的边材、足够贮藏物质的供给和适宜于恢复的早春气候3个条件具在，则树通常能在第二年春天继续生长，并很快生出新的边材和树皮。在严冬之后，这种黑心型冻害常发生在苹果、桃、李、梨和樱桃等，也常在苗圃中发现，特别是梨苗。幼树也比成年树多。黑心的幼苗必须淘汰。

如果是相当健康的已结果树因受冻黑心，大多数情况下，活着的形成层很快就会形成新的边材和树皮，恢复健康并能连续正常结果多年。若春季和初夏既不太热，也不太旱，最有利于树体恢复。大枝黑心后则变脆，具有中等或稍高的产量，则易折断，应用铁丝把主要的大枝拉紧。受冻的大枝叶易受腐烂病菌的侵扰，被剪过的剪口，也要涂以伤口保护剂如沥青水乳剂。

（2）树杈伤害。当树的其他部分并未受冻害而树杈或三叉处的形成层、树皮和边材受冻，称为树杈伤害。这是因为骨干枝的基部叶片少，特别是在内侧和上侧，因此这一部分组织在冬季来临前尚未充分成熟。骨干枝越是直立，叉角就越小，这部分受害就越重。伤害可能从枝杈沿着大枝杈上升，特别是当夏季把受冻部分的小枝剪掉之后。如果受冻后第二天即发现，可将树皮用平头钉钉住，再用沥青水乳剂涂匀，以防干燥并能促进恢复。这比以后把死的树皮刮掉再涂以油漆要好得多。树杈受大的伤害后则变弱，必须用铁丝绑紧。过去的苹果品种金冠等常表现这类伤害。

（3）冬季日灼。大枝上的日灼是由于夏季太阳过强的直射而引起。冬季的日灼也是同样原因所引起。冬季日灼是在寒冷无风、晴天的仲冬突然快速降温造成的。由于头天下午阳光直射在树干的一边，使树温显著地高于气温，在日落之后，气温突然下降而树皮和木质部内温度则下降较慢（0.1～0.3℃/分钟），因而造成这种形式的伤害。低干的树，由于骨干枝的遮阴会比高干的树受害少。用石灰乳喷树干涂白有很好预防效果。

（4）树干的劈裂。树干的纵裂常达髓部，常发生于北方极冷的天气。这是由于近树干中心部有较高的含水量，在结冰的压力下，木质部组织失去应力而开裂。当温度上升时，裂口常能合起，树皮随之而愈合。有时，树皮会脱落而留下一段相当宽的伤口，如果能把树皮立刻用平头钉钉上，并涂以沥青乳剂，在形成层还活着和组织没有过干的情况下，还可能恢复生长。如果不能恢复，则死的树皮应当挖掉，并涂以沥青水乳剂，且应及时桥接。

（5）小枝和嫩枝的冻死。在严冬时许多甜樱桃会发生此类冻害，特别是生长停止晚，入冬尚未充分成熟的嫩枝。这种冻害经常发生在生长旺的幼树，好像是某些抗冻性弱的品种的遗传性。这种冻害的影响像短截新梢一样，越靠近冻伤处活着的芽子生长越旺，其顶端枝条呈丛生状。

（6）叶芽和花芽的冻害。苹果的叶芽和花芽比大多数甜樱桃还抗冻些。叶芽在冬季能像形成层一样抗冻。在少数情况下，花芽还强于叶芽，但这是很特殊的，而且是发生在初冬冻害之后。这是因为早期花芽比叶芽抗冻，而是晚冬，叶芽已逐渐发育得比花芽抗

冻。有些苹果品种的花芽能抗－40～－35℃的低温。如果不是延续的早春温度促其生长，虽然休眠期已经结束，芽子仍可保持其抗冻性。在大的水果生产基地，苹果花芽的冬季冻害常被忽视。

（7）根系冻害。根系不如地上部抗冻。苹果的根系在－12～－4℃可能被冻死。根系在秋季抗冻力是不强的，但从初冬到晚冬其抗冻力逐渐增强，到晚冬和早春达到顶点，但生长开始后则迅速下降。

由于许多原因，根系并不需要像地上部那样抗冻，首先是土温比气温降得慢，其次是深土中能发出相当的热量。因此，在温暖的冬天，突然急速降温之下，根很少受害。在较长的寒冷时期，土壤又是长期结冻的情况下，根系则可能普遍受冻。有时根系每年冬季都受些冻，对树的营养生长可能无明显的影响，但对较敏感的坐果机能则可能有影响。

冬季的大雪，厚的覆盖，或者好的覆盖作物都可以保护根系，根系在沙砾土、无覆盖的土壤都比好的壤土中受害重。最严重的冻害常发生在黏重的、通气不良或排水不良的土壤中。其部分原因是由于根系分布浅，也由于树生长弱而无适当的抗冻力。在较冷的地区，建议用覆盖的办法，特别是对密植浅根的甜樱桃，由于用除草剂而裸露的土壤和冬季少雪的地区，都会受害较重。

由于实生苗一般都是抗冻的，所以不像以前那么需要接穗的自根砧。在较冷的纬度地区的甜樱桃建议采用当地培育的抗冻根砧。

只有较严重的情况下，受害树在来年春天才在地上部表现出根受冻的症状。受冻树通常在春夏季才能看出来。一般的病征是新梢生长慢、弱、叶小而黄、坐果少、果个小、树皮干且褪色。如果根伤是致命的，树仍能继续生长一直到耗尽树体中贮存的水分和养分为止。如果根伤不严重，这样微弱的生长一直继续到有足够量的新根生出，但这可能需要几年。

（8）冬季受冻害树的管理。虽树皮和木质部受冻害相当重，如果形成层和叶芽受冻轻或未受冻，则树仍能生存，当叶芽开放、生长开始后，形成层将分生出新的边材和树皮，逐渐代替受冻的部分，重要的是形成层细胞能保持湿润，否则必死。也要像前面已经提到的，劈裂的树皮要及时用平头钉钉好，并涂以沥青。这样树皮都会很快的愈合并促进树的恢复。第二年晚冬已经死去的树皮，可以刮掉并桥接，如果伤处近于地面或在地面以下，则可在其旁边种上小树并靠接。如果一开始就看到其伤害是环割树干的，形成层是干燥的，最好是及早桥接。

严冬之后，如甜樱桃只是边材受冻，在早春生长较弱，最好是适当增施氮肥，尽量促进营养生长并促使形成层分生新的木质部及韧皮部组织。树下清耕或用除草剂，比树下长期生草覆盖较有助于刺激生长。虽然在这种情况下修剪看来是一种有效的措施，但是冬季受冻的树，来春即进行修剪并不好。前面已经指出，这样做常不利于其恢复。

3. 春霜（冻）成因与防护

（1）春霜（冻）成因。

①辐射霜。常发生在宁静无风的夜晚。地面的热辐射到空中，使地面附近的空气冷却，冷空气流向果园的低洼处。冷凉而晴朗的夜晚，地面散失的热量可以高达 1.59×10^8 焦耳/（亩·小时）。接近太阳落山时，吸收的热量相当于散失的热量。湿度和云量也影响夜间地面的散热量，日出之前散热量达到最高点。

②平流霜冻。是北极冷气团频繁侵入所造成，出现平流霜冻时空气干燥同时又有风。辐射和平流因子可以连续几个夜晚同时起作用。寒冷的北极空气可能持续存在好几天，使白昼温度很少超过10℃，这就给果园加热带来更多困难。大多数果园加热器不能预防平流霜冻。

③逆温和云幕。当一层暖空气漂浮在靠近地面的冷空气的上空时就产生逆温现象。白昼土地吸收了太阳热能，接近地面的空气变得温暖，愈向上则愈冷。在冰凉、晴朗无风的夜晚，地面以上1.5～2.4 米的空气比地面要暖，于是就造成了逆温。各个夜晚逆温程度各不相同。当然，在树顶用吹风机和果园加热器的效应也随着逆温强度的差异而不同。当果园生火加热产生的热空气上升到它

上空的暖气层时，也就是达到了云幕。在经过几天温暖之后，夜间的云幕就低，需用加热器的热量就少。相反，在经过几天寒冷之后，云幕就较高，就需要较多的热才能达到效果。当北极冷空气侵入时，无论有风或无风，云幕都形成得极高，也就使果园防霜更为复杂化。

④风。在出现逆温的情况下，夜间风力大于每小时 6 千米时，冷空气与热空气相混合，使果园气温下降较慢。当风力较强时，果园温度实际上还会上升。平流霜冻发生时，由于冷空气不断注入，因此就不能产生上述温度的效果。

⑤露点。露点是指大气中水分开始凝聚时的温度。空气中水汽越多，露点的温度就越高。当水蒸气凝聚成液态时，会将贮藏的潜热释放出来。露点如高于作物临界温度（组织结冰的温度）时，水蒸气凝聚成露水或霜所释放的潜热会使果园温度下降较慢，从而使甜樱桃生产者得益。但是，如果露点温度比作物临界温度低很多时，果园温度下降就较快。在干旱地区，果园露点高于－1.1℃被认为是高露点，在－6.7℃以下被认为是低露点。低于－17.8℃的露点是罕见的。露点低，表明空气干燥，就难于加热。露点低，温度下降快，也难于迅速点燃足够数量的加热装置，在 15 分钟内温度有可能迅速下降至－12.2℃之多。

（2）天气监视装置和霜冻警报。温度感应装置应设在甜樱桃定植区地势较低的部位，并在生产者家中安装音响装置，最好是一个带有常年预测温度的电流开关的水银感应器。当水银柱下降到指定温度以下时，电流切断，音响器即鸣叫。这种安全装置一般安装在果园树行的地头边，只要有一条电流线被切断，报警器就鸣叫。建议采用一种能自动连接的备用电池，以便在停电时发生作用。果园的测温仪表必须放在标准荫棚内，要防止灰尘、农药、昆虫等进入箱内干扰双金属头。在霜期即将来临之前，须校准测温仪表的准确性和检查电流是否畅通。用两个双校正温度计把感应头放在冰水里，经搅拌后准确地校正 0℃。

推荐采用的校准果园温度计是用腐蚀法标明刻度的直管水银温

度计。至少要用两支温度计，一支放在果园最冷的方位，另一支放在加热区外缘，用以确定停止点燃加热器的时刻。所需温度计的数量，应根据果园面积大小以及地形、地势而定。温度计应放在标准温度计荫棚内。待霜期过后，把温度计直立起来，球向下，保存在荫凉场所。必须经常注意温度计中酒精的分离情况。摇振温度计，将球向下，可以消除酒精分离现象；或者将球放在水盆中，逐渐加温直到分离的酒精连接起来，然后再逐渐降低水温。

干湿球湿度计：由于夜间露点不稳定，也可用一个干湿球温度计，这种湿度计是采用两支温度计，其中一支温度计的球包有用水浸湿的纱布（水要清洁，要经常更换）。手持摇把，将温度计旋转，读出干球与湿球温度计的读数之差，从仪器附表上换算出露点。

加热燃料和设备：任何一种加热方法必须能使温度至少上升3.9℃才能符合要求。根据各果园地点位置不同，每亩需用3～6个加热器，由生产者在一片园地中做试验后具体确定。

加热程序：首先点燃果园迎风面边缘或是上坡的加热器，然后再点燃一行或其余所有的加热器。如果用液态丙烷，可由附设的引火器引燃全部加热器。要巡视果园，小心防止开始时加热过度而造成冷空气从边缘流入园内。

下面介绍美国华盛顿全国气象服务部 Alan Jones 就西北甜樱桃生产者所存在的5个问题的解答。

一是到达临界温度时，需点燃加热器，这时你可能感觉到扑来一阵微风，而且观察到温度骤然上升。这可能会阻碍排气。如果这一现象不稳定，特别是在日出前几小时出现静风的情况，升温就不会持久。遇到这种情况，你可以减少加热，但必须经常检查温度。在日出前几小时起的风可能还会停止，那么温度计所指示的温度就成为确定加热与不加热的唯一指标。

二是到达临界温度时，开始点燃加热器，温度立即上升。这时看到有云飘过，不要停止加热，除非一层厚云来到上空才能停止。

三是经过漫长而辛勤的夜间点火之后，太阳已经升起，在撤离加热器之前要检视外围的温度计。恢复到自然的气温需要一定时

间，特别是烟雾弥漫的低洼处需要的时间更长。如果有正常冷空气流入果园，你可在日出之后看到温度突然下降。

四是防霜警报响了，但在准备点火时所有温度计还在临界温度以上3～5℃。这时天空晴朗，风已平静，预报人员宣布云幕高，露点为－9.4℃。这就意味着温度要急剧下降，因为冷气团就在上空，并已看到温度在15分钟内下降9℃。在露点异常低的情况下，就很难把果园温度提升到临界温度以上。出现这种情况时最好早些点火。

五是出现平流霜冻时，所有措施都已用过，而温度仍然下降，说明加热装置不能应付即将发生的严酷情况。这时即使继续加温也难免要遇到危险，但加温总要比不加温的风险更小。

吹风机：当出现暖空气在上空而冷空气靠近地面的逆温现象时，可在坡地上向下吹风，有利于暖空气吹到甜樱桃园中去。实践证明，装有加热器的吹风机所起的效果反比无加热器的要小，因为加热可造成空气更加轻浮上升，这样暖气层远离吹风机，即使装了也无甚好处。

（3）人工降雨——树顶喷水。这种防霜技术方法简便、清洁、操作费用和能源费用比其他方法低廉，在世界各国都已试用。但是这种方法也有一些风险。由于能源危机，不少生产者正转向把树顶喷水应用于防霜以外的其他目的，如灌溉、消暑、杀虫、杀螨，以及喷洒化学药剂进行防霜和延迟开花等。

在连续喷水的情况下，即使表面有一层冰层，植株组织的温度也能维持在－0.28℃或这个温度以上。如果停止喷水，由于水的蒸发作用，结冰植株的温度就会低于空气温度。冰的隔热性差。水分蒸发时吸收的热量为同量水分结冰时释放热量的7.5倍。

喷水应持续到冰融化为止（天明时）。存在一个严重的问题就是冰的重量很大，可能会把枝子压断。在喷水区内需安装露天温度计。

喷水设备：对树上喷水的要求是要喷洒均匀，设备要大到足以喷布所有的甜樱桃。需用的主干管道、水泵、马达都应比分区轮灌所用的大些（应请教工程专家）。喷水头至少每分钟旋转一次，能转二次则更好。设计的喷水头要能防止拨动器弹簧周围结冰。水泵要能适应在冰点下相当低的温度下操作，因为只要几分钟断水就会给产量带来损失。当果园最冷地段的温度计（有防护的温度计）指示的温度到达0.6℃时开始喷水。这是避免喷水装置内水分结冰的安全界限。黎明后当温度升到0.6℃时停止喷水。

注意事项：有中心干的树比开心环状形树对冰的重量的承受力较大。实行喷水的第一年出现短果枝、小枝折断和大枝被压弯的情况最多。对一些弱的主枝可以用绳索或支柱牵引或支撑。所用的水应滤去沙粒、淤泥及其他砸烂杂物。

（4）防霜设备。鼓风机最好在无风条件下进行工作，可将甜樱桃上空的暖空气与甜樱桃间的冷空气混合（即所谓逆温）。燃烧法有两种形式：一是明火燃烧（如石油砖、杂草木屑、橡胶轮胎等）；二是加热器法，加热金属材料如烟筒等产生热辐射，如燃料充足，燃烧法就能保持气温在植物临界（安全）温度以上。在大果园的成树间加热是保持果园温度的更有效方法。当温度在－2.2℃时即达到甜樱桃组织冻结的危险点。因此在0℃时就应开始点火加热或开动鼓风机。喷水法是在开花前喷布水雾，依靠其冻结时散发热量（熔解热）以推迟春芽的萌动。喷水时间的长短以保持温度在0℃左右为宜。喷水的问题是形成冰块损坏乔木甜樱桃树体较严重，但对矮化甜樱桃问题不大，尤以篱架式的甜樱桃更为安全。

（5）山东烟台地区晚霜冻害的发生规律。

①冻害的地域分布。山谷、低洼、盆谷地霜冻重，山坡、通风平地和地势高的园片轻。山前、村前的果园冻害轻，山后、村后的果园冻害发生重。

②树体的垂直受害差异。大樱桃树冠下部重，上部轻。树冠中、下部的结果大枝，背上的花、果受冻重，背下的受冻轻。

③品种的抗冻程度。大樱桃品种不同，其抗冻程度差异很大。调查大樱桃受冻程度自重到轻依次表现为：意大利早红→芝罘红→雷尼→佐藤锦→那翁→大紫→红灯。乌克兰系列中以2号最重，3

号、5号次之，4号、1号受冻最轻。拉宾斯→红丰→红灯→大紫。

④肥水管理水平。栽培管理粗放，肥水不合理，以氮肥、速效肥为主，树体旺长和肥水不足，树体虚弱的受冻重；反之，果园管理水平高，以有机肥和专用肥为主，修剪、负载合理，树体健壮的受冻轻。霜冻前不浇水或干旱的果园冻害重，浇水的果园冻害轻。

⑤防护林网的设计。防护林可降低风速，增加大气湿度，改善小气候。果园周围有防护林的霜冻发生轻，没有防护林的发生重；防护林迎风面发生重，背风面发生轻；位于防护效果较好的分布范围的大樱桃，发生最轻。

⑥生火熏烟情况。果园生火熏烟的霜冻轻，但绝对温度降幅过大、低温持续时间长的效果不明显。

（6）霜冻后的补救措施。

①对受冻的大樱桃树，喷施1～2次（间隔5～7天）200倍蔗糖（或600倍欧甘）＋600～800倍天达2116＋30～40毫克/升赤霉素＋杀菌剂（60％百泰1 200倍等），以迅速补充营养，修复伤害，提高坐果率，促进幼果发育，减少病菌感染。

②充分利用晚茬花，抓好授粉（重点放蜂），增加果量。

③待受冻伤花、果、枝、叶恢复稳定后，及时进行复剪。将冻伤严重不能自愈的枝叶和残果剪掉，将影响光照的密挤枝、徒长枝疏除，旺梢摘心。以改善光照，节约养分，促进果实发育。

④对霜害严重、坐果少、长势旺的园片或单株，喷布1～2次200～300倍聚对苯撑苯并二恶唑（PBO），控制旺长，稳定树势。

⑤冻后追施适量优质专用肥或速效肥，促进树体及早恢复。

⑥适当晚疏果，留好果，提高果品质量档次，弥补霜冻损失。

（二）甜樱桃流胶病的确切病因与有效防治措施

大樱桃流胶病在国外又称为细菌性溃疡病，主要为害樱桃及其他核果类果树。该病在我国樱桃主产区的发病范围广、为害重。感病树轻者树势衰落、落叶及果实发育畸形，影响产量和质量，重者整枝甚至整株死亡。国内一直对这种病害的致病菌种类、分离鉴定、转播方式等研究报道不多，防治措施也五花八门，但都效果不佳。而国外这方面的研究已取得较大进展，现简介如下。

1. 发病症状 病菌不止侵染大樱桃的枝干，流胶也只是症状的一种。侵染叶片后产生叶斑。叶斑脱落形成不规则穿孔。侵染幼果可使果面形成凹陷斑。侵染芽会导致芽簇死亡。最常见的枝干染病后形成溃疡，有时出现流胶。

从症状表现及发病情况看，在不同树龄上的发生情况，其症状和发病程度明显不一样，一般幼树及健壮的树，发病较轻，老树及残、弱树，发病较重。病菌侵入当年生新枝后，以皮孔为中心发病，病斑大小不等，胶液初为无色半透明稀薄而黏的软胶，不久变为茶褐色，质地变硬，结晶状，吸水后膨胀，成为胶状体。潜伏在枝干中的病菌，在适宜的条件下，继续蔓延，一旦病菌侵入皮层或木质部后，形成环状病斑，造成枝干枯死。病菌侵入多年生枝干后，皮层先呈水泡状隆起，造成皮层组织分离，然后逐渐扩大并渗出胶液。病菌在枝干内继续蔓延为害，且不断渗出胶液，使皮层逐渐木栓化，形成溃疡型病斑。

甜樱桃枝干发生流胶病的部位与生长的部位有关。一般情况下，直立生长的枝，基部发病重于上部，枝干分杈部位发病重于其他部位。上述情况，可能与枝干易受伤害以及雨水容易积聚，利于病菌侵入有关。

2. 传播途径 病菌主要靠雨水和器械传播。将病菌接种在健壮且无病的枝干上，15～20 天即可发病，发病率为 81%，如果在阴雨天气，发病速度加快。从主干上发病情况观察，在雨前选定发病部位，雨后调查表明，所选的发病部位，均在向下的部位发病，而向上的部位很少发病。由此说明，胶液随雨水沿树干流下黏附在枝干上，成为侵染源的可能性很大，而枝干皮孔和伤口则是病菌侵入的主要渠道。

影响发病的因素与温、湿度有密切关系，春季随温度的上升和雨季的来临，开始发病，且病情日趋严重。在降雨期间，发病较重，特别在连续阴雨天气，病部渗出大量的胶液。随着气温的降低

和降水量的减少，病势发展缓慢，逐渐减轻和停止。

发病与否也与病虫为害及其他相关因素有关。一是与虫害发生程度密切相关，为害枝干的吉丁虫、红颈天牛、桑白蚧等，是流胶病发生的主要原因之一；二是霜害、冻害、日灼伤；三是机械损伤造成的伤口；四是生长期修剪过度及重整枝，结果过多，施肥不足；五是土壤过于黏重、排水不良等都能引起流胶病的发生。

3. 病原菌 据美国康奈尔大学和纽约州立农业实验站的研究，大樱桃流胶病的致病菌主要有两种，一种称为丁香假单胞菌（*Pseudomonas syringae* pv. *syringe*），另一种称为核果树细菌性溃疡病菌（*Pseudomonas syringae* pv. *morsprumorum*）。二者皆为植物附生性细菌类病原菌。据研究，该致病菌喜冷凉气候，试验发现在6℃的低温下即可进行侵染。在12～21℃时为侵染盛期。雨水可使病原物迅速散布到易感组织如气孔、冻害部位等。露水、降雨及灌溉等形成的露滴和湿度是该植物附生性致病菌繁殖的必要条件。在大多数情况下，枝干等被侵染产生的溃疡部位还会被另一种次生的半知菌亚门壳囊胞属的苹果腐烂病菌（*Cytospora* sp.）再次侵染。因此大樱桃流胶病的发病菌类复杂，既有真菌又有细菌，相互交织，使防治难度加大，这也是目前该病难于根治的主要原因所在。

4. 侵染循环 越冬代细菌潜伏于发病的枝干溃疡部组织、被侵染的叶、芽及杂草中。主要通过叶脱落后产生的叶痕、气孔及伤口处侵入。红颈天牛、桑白蚧等为害枝干造成的伤口、冻害、日灼伤及机械损伤、修剪造成的伤口等都是侵入部位。晚秋和冬季开始侵染，早春形成溃疡组织。树体在夏季时对溃疡的产生有抑制作用。大多数的致病细菌在夏季死亡或随溃疡组织脱落。被侵染的枝干在夏秋季有流胶现象，可能与苹果腐烂病菌的再侵染有关，需进一步证实。

5. 防治技术 该病的防治主要侧重于越冬阶段和细菌散布、侵染两个阶段。

（1）园址的选择。不宜选择酸性土和沙土地建大樱桃园，这两类土容易造成树体营养失蘅，减弱树势；不宜选择积涝和干旱缺水的地块建园；不宜选种过樱桃或距离野生樱桃属植物近的地点建园。

（2）品种和砧木的选择。不同品种对该病的敏感性不同，依次为那翁、Emperor Francis、Gold、Nelson、Ulster、Sam 和 Vega。另外砧木的选择也影响接穗的敏感性。在目前广泛使用的砧木中，F12/1 和 MxM 系列是基于观察到它们在田间有抗细菌性溃疡病而选出的。Gisela 6、Gisela 7、Gisela 10 经测验与 F12/1 有同等的抗性。

（3）果园管理。一些阔叶类杂草可能是病菌的窝藏地，因此注意清除这类杂草。整形修剪过程中注意加大分枝基角，往往看到因分枝基角过小造成劈裂，病菌侵染后发生流胶的现象。另外秋末冬初进行树干涂白，预防冬季冻害的发生。

（4）药剂防治。由于该病属细菌性病原，因此有效的防治药剂为铜制剂和农用链霉素。在秋季落叶和早春休眠期喷铜制剂和农用链霉素 3～4 遍以减少和避免初次侵染，二者均作为保护剂使用。铜制剂的残效期更长。另外石硫合剂作为铲除剂对真菌和细菌均有效，在休眠期对地面和树体进行全面覆盖不但可杀死各种病菌，还可杀死害虫，效果理想。

（三）根癌病的最新进展

植物根癌病（crown gall disease）是由土壤细菌根癌土壤杆菌（*Agrobacterium tumefaciens*）所引起，病菌从根部伤口侵入植物细胞后，在植物的根、根茎交界部位，甚至茎部均能产生瘤状肿块。由于多数植物发生在根部，因此亦称根癌病。它的发生与动物癌瘤相似，有时亦称肿瘤（tumors）。患根癌病植物的根部对营养和水分吸收差，植株生长不良，果实产量低，严重的甚至死亡、毁园。

De Cleene 和 De Ley 曾报道根癌土壤杆菌可侵染 93 个科 331 个属 643 种的双子叶植物及少数裸子植物。但是，该病在葡萄类、

浆果类、核果类、梨果类、坚果类果树，玫瑰和其他观赏植物最易发生。根癌病是一种世界性病害，每年都会造成重大经济损失。如在南非、欧洲和美国的葡萄，澳大利亚和西班牙的杏和桃，西班牙、意大利的玫瑰，美国的苹果、桃等都发生严重。1980 年 Kennedy 报道，美国由于原核植物病原细菌所造成的作物损失中，果树和葡萄的根癌病排列为最重要的病害。1976 年加州损失 2.3 千万美元。在东欧，损失达收成的 75%～80%。我国根癌病的发生及造成经济损失情况还不十分清楚。据掌握的资料，葡萄根癌病在北方 13 个省份均有发生，在辽宁、北京、内蒙古有许多葡萄园，病害亦十分严重，100%植株患病，减产 30%，甚至毁园。樱桃根癌病在山东、北京、大连、河北，尤其在山东一些地区为害严重。桃树根癌在上海、江苏、福建、北京、河北、大连等地亦很普通。啤酒花根癌病主要在山东、浙江和新疆，樱花根癌病发生在北京、内蒙古等地，其中多是从日本传入。毛白杨根癌病在北京、河南、唐山的苗圃为害。根癌病严重发生的果园和苗圃，发病率通常可达 30%～80%，带来较大的经济损失。此外，河北的山楂、山西的梨、山东的苹果、东北的甜菜，以及核桃、海棠，也发现根癌病，只是还不如其他果树严重。随着带病果树苗木的调运，很可能使病害传播。因此，本文着重介绍该病害发生的基本知识及生物防治的进展情况。

1. 根癌病病原菌的分类和形态特征 根癌土壤杆菌属于农杆菌属，也称土壤杆菌属和根瘤菌属，是不同于根瘤菌科的革兰氏阴性菌。土壤杆菌属根据致病性分为 4 个种：根癌农杆菌（*Agrobacterium tumefaciens*）、放射性农杆菌（*Agrobacterium radiobactor*）、毛根农杆菌（*Agrobacterium rhizogenes*）和悬钩子农杆菌（*Agrobacterium rubi*），其中，根癌农杆菌为根癌病的病原菌，它又可分为根癌土壤杆菌（原生物型 I）、发根土壤杆菌（原生物型Ⅱ）和葡萄土壤杆菌（原生物型Ⅲ）3 个种。生物Ⅰ型寄主范围较广泛，原生物型Ⅱ寄主主要是核果类植物，原生物型Ⅲ是从葡萄中分离得到的。

根瘤土壤杆菌（*Agrobacterium tumefaciens*）为短杆状细菌，单生或链生，大小为1～3微米×0.4～0.8微米，具1～6根周生鞭毛，有运动性。若是单菌毛，则多为侧生。细菌内不含色素，具有Ti质粒（tumer-inducing plasmid），可引起植物根部皮层肿大。该细菌有荚膜，无芽孢，革兰氏染色呈阴性反应。在琼脂培养基上菌落白色、圆形、光亮、透明，在液体培养基上微呈云状浑浊，表面有一层薄膜。不能使明胶液化，不能分解淀粉。发育最适温度为25～28℃，最高37℃，最低0℃，致死温度为51℃。发育最适pH 7.3，耐酸碱范围为pH 5.7～9.2。60％的湿度最适宜形成病瘤。

2. 根瘤病发病机理

（1）细菌附着。根瘤土壤杆菌首先附着在创伤部位的细胞壁上，只有在创伤部位生存了16小时以后的细菌才能诱发肿瘤，这段时间称之为细胞调节期。在调节期，细菌中为植物转化所必须具备的功能都已经被诱导出来，在细菌的附着过程中，有毒的及若干无毒的土壤杆菌，互相竞争植物细胞表面上数量有限的附着位点。竞争中，如果无毒的土壤杆菌先于有毒的土壤杆菌接触到创伤部位，就不会形成肿瘤，反之则会形成肿瘤。K84菌株防治根癌病的机理就是由于它抢先占领了果树伤口位点，在其上定殖并产生农杆菌素，阻止其他病菌从伤口侵入，因此它的作用是预防而不是治疗，其治疗效果较差。

附着到植物细胞壁上之后，土壤杆菌便会产生出细微的纤丝而将自身缚附在壁的表面，同时别的细菌也会被包陷在由这种细丝组成的网络之中，从而最终在植物细胞壁上出现细菌集结，随后，根癌土壤杆菌便将它的一种遗传信息片断导入因创伤而被“调节”的植物细胞内，并使之转化成肿瘤细胞，进而形成冠瘿瘤。

（2）冠瘿瘤。冠瘿是一种植物肿瘤，是一堆未分化的组织团。由于水分运输和营养运输受到干扰，往往会导致生长减缓，甚至出现病态。冠瘿瘤细胞具有异常失控的生长能力。冠瘿细胞能够合成称为冠瘿碱的化合物，这是一类正常植物细胞不能合成的低分子量的碱性氨基酸衍生物，根瘤土壤杆菌选择性地利用这些化合物作为

自己唯一的能源、碳源和氮源。

最常见的冠瘿碱有章鱼碱、胭脂碱和农杆碱。中国农业大学的王慧敏等从山东、河北、辽宁等地的樱桃园的樱桃冠瘿瘤和土壤样品中得到的46株根癌土壤杆菌全部为胭脂碱型Ti质粒。

（3）冠瘿瘤诱发的遗传本质。植物冠瘿瘤诱发的遗传本质是土壤杆菌细胞中的致瘤质粒-Ti质粒的侵染所致，Ti质粒是根癌农杆菌染色体外的遗传物质，为双股共价闭合的环状DNA分子，有150～200千碱基对，在病原菌致病过程中，其中的一段DNA分子（T-DNA）能够插入到植物基因组中并能够稳定表达。人们已经绘制出了根瘤土壤杆菌的Ti质粒及其T-DNA的遗传图。在T-DNA区段中，至少存在着4个有转录活性的开放读码结构。①编码胭脂碱合成酶的基因（*nos*）。②细胞分裂素生物合成酶（*tmr*）。又称为根性肿瘤基因，编码异戊烯转移酶，能催化细胞分裂素的合成。③参与控制植物生长素合成的基因（*tms*），它分为*tms*1和*tms*2，分别编码色氨酸2-单加氧酶和吲哚乙酰胺水解酶，它们将色氨酸转化为吲哚乙酸。④大肿瘤基因*tml*的转录本6a和6b，它们转译的产物以非激素的方式抑制自身细胞的分化，因此形成大型的冠瘿瘤。

Ti质粒诱发冠瘿瘤有3种遗传成分，一是决定植物形成冠瘿瘤的T区段为T-DNA即转移DNA，它是Ti质粒基因组中被转移并整合到寄主植物细胞染色体上去的特定DNA片段；第二种是*vir*基因，它同样也位于Ti质粒DNA上，其编码产物为反式作用蛋白质，是植物细胞转化的必要因子；第三种是间接参与植物细胞转化的基因，由染色体基因组编码，其表达产物的功能是使细菌细胞结合到感染植物的创伤部位。尽管诱导植物产生冠瘿瘤需要Ti质粒的存在，但是一旦植物确立了产瘤生长模式后，继续维持肿瘤生长就不再需要Ti质粒了。在冠瘿瘤细胞中，并未能找到完整的Ti质粒的DNA，从感染植物的不同细胞器，包括细胞核、线粒体、叶绿体等制备DNA，然后分别同经过放射性核素^{32}P标记的T区段探针进行杂交，结果只有核DNA呈现阳性反应，表明T区段整合在植物的细胞核基因组上。植物冠瘿瘤细胞中冠瘿碱的合成和不依赖于植物激素的生长能力，都是由编码在T-DNA上的基因控制的，根癌农杆菌通过Ti质粒的转化作用，实现了植物基因的遗传转移。

3. 抗性砧木筛选培育

（1）筛选。张晓明等建立了应用水培接种检测樱桃砧木抗根癌能力的方法，并使用该方法对常用的樱桃砧木大叶草樱和对樱抗根癌能力进行鉴定。结果表明，对樱对根癌病的抗病能力要好于大叶草樱。

赵玉辉在5种樱桃砧木，对樱桃、CAB、Gisela 5、Gisela 6、Colt的组培苗茎上接种野生型农杆菌（c58），40天后调查结瘤百分率和瘤重，基于结瘤百分率和病情指数评价了供试材料的敏感性，结果表明：该方法能反映不同砧木的抗性水平。可作为樱桃砧木根癌病敏感性评价、筛选抗性种质的一种有效的方法，对根癌抗性顺序是：对樱＞Colt＞CAB＞Gisela 5＞Gisela 6。

高东升等研究了根癌病对生产中常用的樱桃砧木生长发育及氮磷分配的影响效应，结果表明，根癌病菌能显著抑制新梢和茎干粗度的生长，并使树体叶绿素含量降低，导致树体光合速率下降，但下降幅度与树体抗性有关，树体抗性愈强，下降幅度愈小，根癌病菌能促进患病植株的根系活力，根系活力的升高能促进冠瘿瘤的生长发育，但没有促进树体的生长，冠瘿瘤是强生长中心，将发病率、冠瘿瘤平均瘤径和植株长势3个指标结合不同樱桃砧木的抗癌能力进行综合评价，得出结果：高感品种为圆叶大青叶、考特、马扎德、山樱；中感品种为莱阳矮樱桃；中抗品种为中国樱桃；高抗品种为大青叶。

（2）培育。要从根本上解决根瘤病的发生，培育抗性砧木是关键，除用常规育种方法筛选抗性砧木外，通过基因工程手段直接将抗病基因导入到植物的基因组中，使其在植物中稳定表达和遗传，从而获得抗病新品系，开辟了植物抗病育种的新时代。

4. 根癌病的预防 1972年澳大利亚阿得雷德（Adelaite）大

学的 Kerr 教授从桃树根癌病病株旁的土壤中分离到一株放射土壤杆菌 K84，它属于生物 2 型，对植物不致瘤，能产农杆菌素（agrocin）抑制根癌土壤杆菌生长。此后，K84 菌株在世界各国用来防治根癌病，获得不同程度的成功。虽然化学药剂及商品抗菌素对根癌病亦有一定的防治效果，但 K84 菌株更为有效，价钱又便宜。使用的方法很简单，将植物材料（种子或幼苗的根）在播种或移栽前立即放在 K84 菌株悬浮液（10^7～10^8 个细菌/毫升）中蘸一下即可。从 1973 年起，K84 菌株在澳大利亚已制成商品出售，现在世界上许多国家和地区在使用。

用 K84 菌株防治根癌病的研究报道很多，Moore 曾作了详细评述。他列举了许多植物，如蔷薇科、胡桃科、菊科、杨柳科等植物幼苗用 K84 菌株处理后，对根癌病的防治很有效，防效甚至可达 100%。在澳大利亚主要用来防治核果类的杏和蔷薇，美国防治樱桃，澳大利亚及欧洲、北美洲等国家和地区用在园艺和观赏植物，都是成功的。我国 1985 年引进 K84 菌株，并先后在桃、樱桃、毛白杨、啤酒花、樱花根癌病的防治上效果明显，现在亦见有研制防治根癌病制剂的消息。

K84 菌株在根癌病的防治中的作用是防非治，是作为一种预防措施使用，控制病害发生达到消灭目的。因为植物一旦发生根癌病后，表明病菌 Ti 质粒上的致瘤基因已整合进入植物细胞染色体和表达。并随着细胞分裂而不断复制，这时用什么方法治疗都难奏效。此外，它亦不能防治所有根癌病，只对含胭脂碱 Ti 质粒的根癌土壤杆菌才有效果。对章肉碱 Ti 质粒及引起葡萄根癌病的生物 3 型根癌土壤杆菌无效。为此，人们正在寻找新功能的生防菌株，以弥补 K84 菌株的不足。

1983 年，Handson 报道从南非的桉树分离出一株已无致病性的生物 1 型根癌土壤杆菌 D286，它能够产生抗菌素抑制章肉碱型根癌土壤杆菌，并称对各种生物型土壤杆菌均有防治作用。1986 年 Vebster 等人从南非樱桃属植物分离到一株生物 2 型根癌土壤杆菌 J73。它能产生抗菌素防治葡萄根癌病。J73 现已消除了 Ti 质粒而无致病性，很有发展前途。但上述菌株均未见有大田防治报道。在我国，中国科学院微生物研究所与内蒙古园艺科学研究所、北京农业大学植物保护系合作，于1990年前后从我国啤酒花及葡萄根癌中分离与筛选出不致瘤，并能产抗菌素抑制生物3型葡萄根癌土壤杆菌生长的放射土壤杆菌 HLB－2、MI15（均为生物1型）及E26（生物3型），经过1 000多亩大田试验证明对葡萄根癌病的防治效果良好，达80%～100%。美国温室与田间试验 HLB－2 和 E26 的防治效果同样明显。这是我国根癌瘤生物防治研究中的特色和创新。K84菌株防治根癌病的机理如下：

（1）*农杆菌素84产生的作用*。K84菌株的防治作用是它能产生一种称为农杆菌素84的抗菌素。对胭脂碱/农杆菌素碱A型Ti质粒的土壤杆菌有毒害，这类土壤杆菌对苗圃和观赏植物为害也最严重。农杆菌素84在根癌瘤防治中的作用非常重要，它的产生是由K84菌株的一个质粒，pAgk84所编码，它的化学结构类似腺嘌呤核苷酸，只是带有2个替代基。又由于其结构与 agrocinopine A 很相似，能被胭脂碱/农杆菌素碱A型Ti质粒的根癌土壤杆菌通过农杆菌素碱透性酶所吸收。农杆菌素碱A能被病原菌正常利用，但农杆菌素84则不能，是个“假冒”品，被病原菌错误吸收利用后，干扰了细胞DNA的复制，使其受害。

（2）*K84菌株的遗传背景*。K84菌株含有3个质粒，最大的是隐性质粒，它的功能尚不清楚。小一点的质粒叫 pAgk84b（或pNOC），大小约173千碱基对，它的主要功能是分解代谢胭脂碱（noc）以及对Ti质粒不相容性。这样，它能保护K84菌株以免通过接合转移获得Ti质粒，变成既致瘤又对农杆菌素免疫的病原菌。具有noc功能，亦可促进K84菌株群集在产生胭脂碱的根癌瘤上生长，并分泌农杆菌素84，阻止病原细菌蔓延到其他侵染位点。最小一个质粒为农杆菌素质粒，pAgK84，大小48千碱基对，相当于Ti质粒的1/4。它的功能是编码产生农杆菌素，对农杆菌素免疫和使该质粒转移（图7）。在有胭脂碱存在时，或有pNOC质粒存在时 pAgK84 转移到其他土壤杆菌的频率最高。

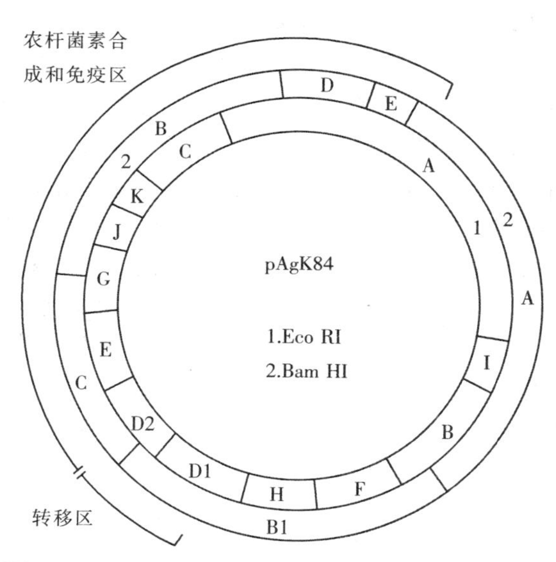

图 7　pAgK84 质粒的 Eco RI 和 Bam HI 限制酶切图

(3) 群集于根部的作用。K84 菌株的作用除产农杆菌素外，还能很好群集到植物根表面，这是生物防治成功的另一重要因素。实验证明，pAgK84 只有存在于 K84 菌株（生物 2 型）的染色体背景时，菌株才能最有效地群集到杏苗的根部。如果把 pAgK84 质粒从 K84 菌株转移到生物 1 型土壤杆菌中，此新菌株虽然有产农杆菌素 84 的能力，但群集在根上的能力差，根癌病的防治效果就大不如 K84 菌株。因此，K84 菌株的染色体在生防过程中亦起重要作用。

5. 根癌病生物防治失败的可能原因　K84 菌株防治根癌病失败的原因，大多数都与农杆菌素 84 的产生有关。

(1) 由于 pAgK84 质粒的转移原因。在生物防治根癌瘤试验时，往往将 K84 与病原菌以 1∶1 高密度混合，以致产生质粒，pAgK84 能从 K84 菌株接合转移到致瘤土壤杆菌中，结果使病原菌既能抗农杆菌素 84，又能致瘤。其转移频率估计在含胭脂碱的根癌附近较高，远离根癌的根或土壤较低。这是人工实验的结果，在自然界中的转移情况还不太清楚。

（2）由于 Ti 质粒转移至 K84 菌株的原因。这种转移的结果，使 K84 菌株变成了能产农杆菌素又对农杆菌素 84 免疫的致病菌，但还没有资料证明转移的频率。很可能是非常低或不可能发生。因为 K84 菌株亦含有 pNOC 质粒，它与 Ti 质粒是不相容的，即不能共存于同一细胞中，如果 K84 菌株要接受外来的 Ti 质粒，它首先要丢失自己的 pNOC，而 pNOC 本身在细胞中又相当稳定。

（3）根癌土壤杆菌突变为对农杆菌素 84 抗性。平皿试验得知，对农杆菌素 84 敏感的土壤杆菌能以相当高频率突变为抗性菌株。抗性菌株中有一些丢失了 Ti 质粒，无致瘤能力，另一些仍有致病性，Ti 质粒仍存在。由于根癌土壤杆菌对农杆菌素 84 敏感性的基因是位于 Ti 质粒上，因此抗性突变可能因为质粒 DNA 缺失了一个片段，或是发生了点突变。现在还不知道这种抗性突变株是否会在土壤中发生。如果发生了，并由此出现生防失效，则是很难克服的。有人建议把 K84 菌株与另一株产其他农杆菌素的土壤杆菌混合使用，可以降低病原菌自发抗性突变的频率。

6. K84 菌株转移缺失（Tra^-）突变株 K1026 菌株的构成 因为农杆菌素质粒 pAgK84 在生防过程中能接合转移至根癌土壤杆菌，因此，确保 K84 菌株生防效果的最好、最实际途径是对 K84 菌株加以改造，使 pAgK84 缺乏转移能力。

初期的着眼点是用转座子 Tn5 插入突变，令 pAgK84 的转移区功能缺失（Tra^-），而生物防治效果不变。但此法尚有缺点：①Tn5 的插入后使 K84 菌株增加了 3 种抗菌素抗性基因。②细菌在繁殖过程中 Tn5 仍可能会丢失，从而使 K84 菌株回复到 Tra^+ 的亲代特性。因此，这种 K84 Tra^- 菌株不宜在生产中应用。

1988 年，Jones 等人通过遗传工程的限制酶切和重组 DNA 技术把 pAgK84 的 Tra 区两个 Eco RI 片段，D1 和 H 切除（这两片段在 Tra 区位置）。即切去 5.9 千碱基对长度，其中有 2.8 千碱基对 DNA 属 D1，即转移区片段。而整个转移区是 3.5 千碱基对，结果使 Tra 区 80%被切除。此后将此 Tra^- 质粒（名为 pAgK1026）

再构成共整合质粒及引入自发突变丧失了 pAgK84 质粒的 K84 菌株，进行缺失标记交换（deletion-marker exchange）等步骤，使其与亲代菌株一样有相同的染色体背景，这个 K84 衍生株即 K1026。pAgK84 切除了 Eco RI D1 和 H 片段对它在土壤杆菌中的复制和稳定性不受影响。

7. K1026 菌株的特性及商业应用 为了把 K1026 菌株在生产上应用，曾与亲代菌株 K84 进行过详细比较：

（1）产农杆菌素能力。经体外试验，两菌株产农杆菌素能力没有差别。

（2）农杆菌素质粒分析。质粒的琼脂糖电泳表明，pAgK1026 质粒因切除了 5.9 千碱基对片段，明显小于 pAgK84 质粒。这两个质粒用 Eco RI 限制酶消解时，pAgK1026 不含 D1 和 H 片段。也没发现有外来 DNA 残留在菌株内。

（3）菌株质粒检测。两菌株均含有 3 个质粒，即隐性质粒、pNOC 质粒和产素质粒（pAgK84 和 pAgK1026）。

（4）产素质粒稳定性。含 pAgK84 和 pAgK1026 产素质粒菌株经多次继代培养，质粒没发现有自发丢失，是很稳定的。

（5）产素质粒的转移性。K1026 与 K84 菌株分别与生物 1 型土壤杆菌交配（mating），证明 pAgK1026 是不能接合转移的，而 pAgK84 转移能力强，从而确认 K1026 是 K84 菌株的 Tra^- 突变株。

（6）生物防治根癌病能力。使用 K1026、K84 菌株和水，分别防治杏树幼苗的根癌病。观察到 K1026 和 K84 菌株防治效果都明显，互相没多大差别，属统计学误差范围。而水处理的发病率达 100%。

上述比较结果证明，K1026 菌株除了其产农杆菌素质粒缺失了 5.9 千碱基对的片段，使其不能接合转移（Tra^-）到其他土壤杆菌，其他方面特性与亲代 K84 菌株没有区别。由于有这点优越性，现在已开始在生产中应用。据报道，它已经在澳大利亚和美国申请了注册。1988 年来此产品已在澳大利亚出售，商品名称

No-Gall™（克瘿瘤），是一种含 K1026 菌的湿泥炭制剂。这是第一个作为商品出售的遗传工程菌。

目前我国亦引进了 K1026 菌株，期望不久将来会在我国的根癌防治中发挥作用。

（四）樱桃裂果的原因与控制

裂果是目前大樱桃生产中的一大难题，即在果实接近成熟或采收前裂果。樱桃裂果有两种表现：其一是果实成熟时遇到降雨，这时裂果多发生在果实的肩部，以横裂纹居多；其二是在成熟期浇水不当，往往浇水过大，裂果会多发生在腰部，纵横裂纹都有。

这个问题在英国、法国、比利时、美国、新西兰及中国等产樱桃国家都存在。在美国加州雨裂每年可造成几百万美元的损失。新西兰在圣诞节期间出口日本的樱桃也常被此问题打乱。

为什么果实会裂果？直到几年前，一般还是认为大量的雨水落到果上并被果实吸收导致了裂果，而土壤水分和树体周围的其他部分的水分关系对此影响不大。后来新西兰和英国东茂林的试验证明了上述观点有偏差。该试验认为某些裂果是由于树体其他部位的水分含量高以及树体周围的高湿度状态造成的。但要使水分从果实中通过果柄回流到枝条上，在果实成熟期间是不可能的。唯一的办法是让果实中多余的水分通过果皮蒸发掉。因此，阻挡果实蒸发的条件和树冠郁闭、空气流动不畅是加重裂果的原因。大棚樱桃有时出现裂果就是这种原因。

1. 裂果原因分析

（1）微裂纹。对裂果敏感的果实其果皮表面常有许多不规则的微裂纹，这些裂纹肉眼看不到，只能借助显微镜才能观察到。这些微裂纹可能促进了果实水分的吸收，并减弱了果实表皮细胞间的结合能力，由此促使裂纹发生。当然这种推测尚无直接证明。但如果它确实影响裂果，那么在果实发育早期控制果园环境条件就显得非常重要。

（2）表皮细胞的结构。对于不同品种表现出不同的裂果敏感性

提出了几种假说。一个认为如果一个品种吸水快而且量多，则易裂；另一个认为一个品种如果细胞排列紧密或表皮细胞壁更有弹性则在一定程度上抗裂果。有几个因素影响果实表皮吸收水分的量和速度，在雨后气温迅速升高则吸水多。还有观点认为果实表皮和上皮组织可阻止水分的吸收。1980 年比利时的研究表明有些樱桃品种的表皮和细胞壁更厚，也许可以解释它们更抗裂的原因。

近来更多的试验表明，表皮厚且气孔少的品种不易裂果，这些品种吸水更慢，表皮厚的品种还能够在裂果前承受吸收并容纳更多的水分。

(3) 果汁的渗透势。果汁的渗透势是吸水的动力，如果果汁中可溶性固形物（糖）含量越多则吸水越多。在挪威的研究表明：Ulster 和 Sam 比先锋更抗裂果，原因是这两个品种的果汁可溶性固型物浓度低且细胞渗透压低。另外，它们的果实较软，在浸水试验中吸水速度比先锋慢。但是这两个品种在嫁接到 F12\1 砧木上时比嫁接在考特砧上裂果更严重。砧木的这种影响还需要进一步研究。对同一个品种而言，果个越大裂果越重，但不同品种之间这种关系不一定。

(4) 裂果原因目前的结论。世界上没有对雨裂免疫的品种，但有的品种确实较另一些更抗裂果。品种的易裂性是与其表皮细胞的结构、弹性以及在果实早期发育中表皮微裂纹的产生有关。雨水、土壤水分以及果树周围环境中的湿度是引发和加重裂果的外在诱因。烟台地区大棚樱桃有时裂果较重主要就是灌溉不均和棚内湿度过大造成的。

2. 裂果指数 裂果指数的测定方法是将成熟果实浸没在蒸馏水中，然后计算裂果需要的时间。它可以确定不同品种樱桃对裂果的敏感性。但有些品种在不同国家试验中的表现不一致。在加拿大的试验中一些夏地所培育的新品种如艳阳、拉宾斯、甜心等表现出不易裂果的性状。

裂果指数在不同国家和不同季节中变异很大。例如，Viva 在加拿大本土的试验中表现非常抗裂果，而在丹麦的测试中则易于裂果。很显然，在试验地点和季节因素对某些品种的抗裂果性有很大影响，因此在当地并且是多个季节试验是最重要的。

3. 樱桃裂果的防治 防止大樱桃裂果的研究最早始于 1930 年。目前对于裂果问题的解决方法有 3 种可供选择：①选择抗性品种和砧木；②喷洒矿物质、激素及其他物质；③搭防雨棚和调节树体周围的小环境。

（1）选择抗性品种和砧木。最近在乌克兰的育种试验中发现，为抗花期干热风而导致的干旱选种中，所选的品种在高湿、多雨条件下也抗裂果，这一偶然发现有待进一步试验。这也为抗裂果研究开辟了一个新领域。

（2）喷洒矿物质、激素及其他物质。虽然至今没有化合物可以完全克服裂果，但很多试验希望发现可以明显减轻裂果比例的物质。目前这类试验主要集中于喷洒矿物质（钙、铜或硼化合物）、激素（GA 或生长素）和抗蒸发物质、抗雨裂表面活性剂等。

①矿物质。有报道称在采前 3～4 周喷 4 遍钙化物可减轻裂果百分率，比较有效的钙化物有氯化钙、醋酸钙和氢氧化钙，但这种试验报告也有相反的报道。对这一现象的解释是试验地不同、坐果量不同及果园周边的环境条件差异太大造成的。

1990—1991 年在英国东茂林用 3%的氯化钙和螯合钙试验，采前 4 周每隔 10 天喷一次，品种为 Brandburne Black 和先锋。但试验结果令人失望，两个品种几个组合喷布均无防裂效果。1990 年经钙处理的果实在浸水试验中反而比不处理对照的裂果稍微增加。进一步研究表明，处理对果皮及果肉内钙的含量影响很小，果实吸水的速度也无明显变化。但另一些国家的试验表明，效果明显，并认为增加钙进入果实使表皮细胞之间连接更强。这些相互矛盾的试验结果表明，樱桃裂果问题的复杂性。

几年前丹麦的试验研究表明，在降雨之前给果实喷钙，可以减轻裂果。每天用含钙水喷淋果实也有同样的效果。但喷钙的一个主要缺点是果面上会有残留，必须清洗后才能上市。

还有用波尔多液喷洒而减轻樱桃裂果的报道。这可能是硫酸铜

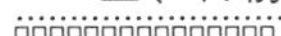

和石灰的一种或两种共同作用的结果。硫酸铜单独使用是有害的，所以加入石灰以减轻其效应。最近在澳大利亚用波尔多液成功地减轻了裂果的发生，同时还增加了果实的硬度和表面厚度。在美国，还试验了硼和铝化物的防裂果效应，和钙一样试验结果不一致。

②植物激素。有报道称在采前 3～4 周，喷 GA_3（15～30 毫克/千克，1～2 次）可减轻裂果（表 5）。这种喷洒同时还延迟成熟并增大果个和硬度。但华盛顿在雷尼上的试验表明，GA_3 处理增加了裂果。去年东茂林的试验表明，GA 处理果实、短枝叶片或果、叶同时处理未能减轻裂果，但增加了果实硬度和果个，并延迟成熟。

表 5　GA_3 处理（15 毫克/千克表面活性剂）**对先锋品质的影响**

处理	果个（克）	适采期	硬度（牛/厘米^2）	可溶性固型物（%）
对照	6.9	7 月 10 号	8.31	17.9
GA_3	9.3	7 月 19 号	11.20	17.9

注：1993 年 5 月 19 号开始每周 1 次，共喷 6 次。

20 世纪 50 年代的美国以及最近在西班牙的试验表明，在采前 30～35 天喷 1 毫克/升的 萘乙酸可减轻大樱桃裂果 50%。但接近成熟时（采前 4～18 天）则增加裂果的可能性。西班牙的试验还表明，不同品种对萘乙酸的反应不同，萘乙酸不影响果实的矿物质元素含量状态，但似乎可以阻止放在水里的果实吸水。因此认为萘乙酸减少裂果是因为它阻止果实吸收过量的水分。但萘乙酸处理在有的试验中使斯太拉果个减小。

③抗渗透物质。据认为樱桃是较苹果和梨的果实外果皮蜡质含量少，抗渗透物质可以增加果面覆盖限制水分通过表皮和气孔吸收和散失水分。但同时它也会减少气体交换进而影响光合作用，减少果实的含糖量。有关抗渗透物质的试验结果有时相互矛盾。英国利用蜡质抗渗透物质（Clarital）的试验表明，的确可以减少果实对水分的吸收并减少了裂果，同时还增加了果个和果实硬度，但减少了可溶性固形物和可滴定酸的含量。另外美国的 Polymer AG 公司

生产了一种叫抗膨压剂的保护性涂层物质，据说也有效果。

④表面活性物质。比利时的试验表明，每100升的水中加入100毫升的Citowett表面活性剂，于采前8～18天在6个樱桃品种上喷两遍，可明显减轻裂果。类似的试验在荷兰也有报道。表面活性剂的效果据认为是由于减少果实吸水的量而减轻了裂果的程度，但它容易被洗掉，在下大雨和邻近成熟时喷洒效果不可靠。

（3）搭防雨棚。一般认为雨水集聚于果实表面而被其吸收必然诱发裂果，搭防雨棚覆盖就是一个好的办法。英国的东茂林实验站曾连续3年对扣棚和灌溉对裂果的影响进行试验，结果见表6。试验表明，覆盖明显降低了裂果的百分数，但长期覆盖和短期覆盖之间差异不显著。灌溉处理之间差异不显著，说明土壤水分的稳定很重要。

表6　3年试验的裂果率（英国东茂林试验站）

试验处理	1991年（%）	1992年（%）	1993年（%）
不覆盖	24	20	41
短期覆盖	13	16	20
长期覆盖	15	14	16
灌溉	—	—	—
灌溉处理	21	27	29
不灌溉（对照）	20	20	22

其他各国也有大量类似试验。到目前为止，新西兰的防雨棚投资最大。许多大型商业性樱桃园采用了这种昂贵的复杂塑料架构。虽然造价昂贵，但对于以圣诞节期间供应日本市场的高回报而言，这种投资是划算的。欧洲的许多国家则采用了更现代化的设计。他们通过控制树冠大小，使雨棚更简化。这种结构是在坚固的立柱上焊上金属环，环之间用轻的金属杆或线连接，支撑树冠上大的塑料伞，这种结构的最大挑战在于如何将塑料薄膜稳定地固定在构架上。在大风年份可能会被刮破，但大部分年份效果

可靠。

（五）试管苗培养在樱桃珍稀种质资源和脱毒苗快速繁育中的应用

1. 试管苗培养在樱桃苗木繁育中的作用 在樱桃的苗木繁育中经常会出现一些砧木和品种生根难、繁育速度太慢的情况，特别是有些引进的珍稀资源由于数量有限无法迅速扩繁，此时利用组织培养技术可以很容易地解决这些问题。而利用试管苗培养培育樱桃无病毒苗木近年来也时有报道，其原理简述如下。

病毒在植物体内的不同组织和部位分布不均匀，在生长点附近，即茎尖和根尖的分生组织中病毒浓度低，大部分细胞不带病毒，通过对生长点的这些微小无病毒分生组织的培养，可获得完整的无病毒植株。但在生长点部位，不含病毒的部分是极小的，一般不超过0.1～0.5毫米，这样小的无病毒组织无法通过常规的方法繁殖与利用。自茎尖组织培养技术发展以来，可以切取这种微小的无病毒组织进行离体培养而发育出完整的植株。在生长点（包括茎尖和根尖）不带病毒的现象，即存在一个特殊的病毒免疫区，已通过电子显微镜观察和荧光抗体技术得到证实。

在实践上，这一发现已通过相关试验进行过验证。早在1943年，White采用离体培养的方法成功地培养了感染烟草花叶病毒（TMV）的番茄根，发现根尖部分不存在病毒。1952年Morel等人从感染花叶病毒和斑萎病毒的大丽花植株上切取茎尖培养，获得了去病毒植株，从而为拯救优良品种开辟了一条新的有效途径。近几年来，采用茎尖培养法除去园艺植物病毒，获得无病毒种苗，已经在很多国家被广泛采用，取得了良好的效果。通过茎尖培养脱毒一般有以下几个环节：①材料处理和接种；②诱导芽分化和小植株的增殖，诱导生根，病毒检测；③生根植株的移栽；④移入苗圃。其中，诱导分化、增殖和生根所需培养基上的生长调节剂种类、浓度因植物种类不同而有差异。茎尖培养的最大缺点是茎尖不易培养，生根和移栽成活率低。在果树上仅在草莓和葡萄等少数树种上获得成功并用于生产。二次茎尖脱毒可有效提高脱毒率，该方法已在草莓和苹果上应用，也可尝试用于其他果树脱毒。另外，茎尖大小对分化率和脱毒率有很大的影响；茎尖分化率与茎尖大小成正比，脱毒率与茎尖大小成反比。有实验发现草莓切取茎尖大小为 0.2～0.3 毫米时，脱病毒率可达 100%，而茎尖为 1.0 毫米时，脱病毒率仅为 50%左右（王国平，2005）。但茎尖过小培养成活率会大大降低，而且操作难度也很大。因此，脱病毒时要兼顾脱毒率和成活率两个方面，一般切取长度为 0.2～0.5 毫米用带有 1～2 个叶原基的茎尖比较合适，这样大小的茎尖既可保证一定的成活率，又能使一定数量的茎尖苗不带有病毒。

2. 樱桃的茎尖培养方法

（1）培养条件。基本培养基为改良 MS（MS′）和 MS，琼脂 5.0～5.5 克/升，蔗糖 20～30 克/升，pH 5.6。光照强度为 1 500～2 000 勒克斯，光照时间为 14 小时/天。培养温度控制在 (25±2)℃，空气相对湿度为 40%～70%。

（2）外植体的进瓶诱导分化和培养过程。在 4～5 月份选取生长健壮、无病虫害的幼嫩新梢枝条，用自来水流动冲洗 30～60 分钟，在无菌条件下用 75%酒精对新梢带芽茎段表面消毒 30 秒，然后用 0.1%升汞消毒 8～10 分钟后，用无菌水冲洗 4～6 次。最后在超净工作台上把外植体切成 1 厘米左右的茎段，茎尖部分剥离到 0.5～1 毫米接种于诱导培养基上，在光照条件下进行培养，待分化成苗后，转到增殖培养基上，经过 4～6 代增殖培养后，即可形成一定数量的试管苗。将高约 1.5 厘米以上的健壮嫩苗转入生根培养基中培养，约 10 天即可看到根原基分化出来，25 天左右就可长出 1～2 厘米细白的主根和一些须根。

（3）不同培养条件下樱桃砧木增殖生长的情况。在 MS′＋BA 1.0 毫克/升＋IBA 0.1 毫克/升，MS′＋BA 0.5 毫克/升＋IBA 0.2 毫克/升，MS′＋BA 0.3 毫克/升＋TDZ 0.05 毫克/升＋IBA 0.1 毫克/升，MS＋BA 0.3 毫克/升＋ZT 0.1 毫克/升＋IBA 0.1 毫克/升等不同培养基中继代增殖生长受激素水平、pH 以及光照、湿度

和继代周期等因素影响。

(4) 樱桃砧木组培苗的生根培养与田间移栽。生根培养基1/2 MS+IBA 1.0 毫克/升，1/2MS+NAA 0.5 毫克/升+IBA 0.5 毫克/升+Ac 1.0 克/升，1/2MS+IAA 0.5 毫克/升+IBA 0.3 毫克/升+NAA 0.3 毫克/升+Ac 0.5 克/升生根效果不同。

当试管苗高约 3 厘米，并生有 3～4 条 1 厘米左右长的新根时，即可进行炼苗。在自然光下驯化炼苗 5～7 天，然后揭开瓶盖在自然条件下，让幼苗进行透气锻炼。每天喷清水 2～3 次，48～72 小时后，从瓶中取出幼苗，并在清水中洗净附着在根上的残留培养基(注意，一定要洗净)，然后移栽入营养钵内放在有弥雾装置或遮阳网的小拱棚内。栽苗时注意根系全部入土，轻轻压实，浇足水分(土壤含水量为田间相对持水量的 70%～80%) 和覆盖薄膜保湿。培养土选择园土、草炭营养土，空气湿度 90% 以上，间隔 1 小时喷雾 1 次，3 天后逐渐减少喷雾次数。一周后喷雾次数减少到 2～3 次，随着小苗对外界环境的逐渐适应，可每隔 1 周追施一次稀薄液体肥料，并逐渐增加光照，待营养钵苗有 4～5 片新叶，株高 5 厘米以上后，将苗木移入大田苗圃。

移栽的最佳时期是 3～5 月份，此时成活率比其他时期要高，组培苗移栽入营养钵前期要求有适宜的温、湿度 (温度 15～25℃，不能超过 30℃，相对湿度 90%左右)，第一周小拱棚完全封闭，只有浇水及查看温度时打开一会儿。7 天后，开始于 12 时左右打开小拱棚口进行通风。时间约 30 分钟，以后每天通风时间依次延长 20～30 分钟。大风和阴雨天时要缩短通风时间，天热时要增加通风时间。要经常检查小拱棚内湿度，发现基质干燥时，应及时喷水，但不可喷水过多，防止出现烂苗现象。待幼苗长出幼根和新叶后，可以追施少量液体肥，20 天后撤去小拱棚，并在温室中继续生长一段时间后再定植于田间。

(六) 大樱桃设施栽培应注意的几个问题

大樱桃设施栽培上市早、效益高，同时可以克服露地栽培难以

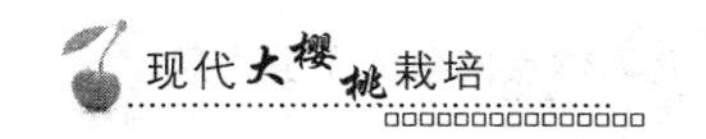

解决的花期低温冻害问题，产量稳定，近几年发展较快。目前生产上主要存在着打破休眠技术、受粉问题和产量不稳定等难点，需要在生产中注意以下几个关键技术问题。

1. 品种与产量要得当　大樱桃设施栽培品种应以需冷量较少的早熟品种为主，如红灯、意大利早红、早大果、芝罘红等。也可在以早熟品种为主的前提下，适当选择优良的早中熟品种，如先锋、美早等，以延长上市期。晚熟品种一般不宜进行保护栽培。

大樱桃设施栽培投入大，成本高，为了缩短回报周期，实行设施栽培大樱桃的树龄最好在 5 年以上，产量稳定在 500 千克/亩左右时进行，否则效益不明显，投资回报期长。

2. 棚体构造要科学　设施栽培的大棚，除要坚固、抗风、抗压外，还要便于管理，有利于大樱桃正常生长发育。因此，在建造大棚时要特别注意大棚的走向、面积和高度。从实践看，南北走向的大棚，相对东西走向的大棚棚内光照均匀，温差变化少，技术要求不严，管理也比较方便。所以实行设施栽培的大棚最好为南北走向。大棚的面积没有固定的标准，多根据园地的实际情况而定。但大棚的面积过大，管理不方便；面积过小，棚内昼夜温差变化大，对大樱桃生长发育不利。根据实践经验，单体大棚的面积以 400～667 米^2 为宜。建造大棚时，要特别注意大棚的高度，不能让棚面紧靠树冠，至少要留出 50 厘米的空间，大棚的两侧也应留有一定的距离，否则周边温差变化大，白天上部光照过强，容易出现灼伤，引起落花落果。

3. 扣棚升温要适宜　大樱桃有自然休眠的特性，大多数早熟品种均需要 1 200 小时左右的 7.2℃以下的低温，才能通过自然休眠，烟台地区大约在 12 月下旬至翌年的 1 月上中旬。设施栽培扣棚时必须满足大樱桃对需冷量的要求，扣棚的时间要适宜，在不具备管理技术和条件的情况下，切忌盲目追早。扣棚过早，即使具备了生长发育条件，树体也不能正常生长，反而花期温度低，花期过长，开花不整齐，增加了技术难度和管理强度，整体效益不理想。

适宜的扣棚时间应在12月底至翌年1月上旬。扣棚以后最好不要急于升温，前几天可先遮阳蓄冷，白天盖帘，晚间揭帘，继续增加大樱桃对低温的需要，5～7天后再开始慢慢升温。但升温不宜过急，温度不宜过高，否则容易出现先叶后花和雌蕊先出等生长倒序现象。有取暖设施的，也不要经常加温，特别要注意夜间温度不能过高。在自然条件下，如果棚体保温措施得力是能够满足棚温要求的。只有在遇有特殊天气，如低温、霜冻时，才进行人工辅助增温，以防止冻害的发生。

4. 花果管理要强化 大樱桃花果期对外界环境十分敏感，也是大樱桃设施栽培管理的关键。大樱桃花果期的管理应重点放在两个方面：一是严格控制温、湿度，其中湿度的控制重点在花期，温度的控制重点在果实膨大期。花期棚内湿度不能过高，一般40%左右为宜。湿度过高，不仅影响授粉，而且容易发生花腐病，引起花腐和果腐。近几年，大樱桃设施栽培中花腐病的发生比较普遍，主要是棚内湿度过大造成的，应引起注意。为了降低棚内湿度，地面最好实行地膜覆盖或扣小拱棚。地面覆盖地膜或扣小拱棚，不仅能够有效地降低棚内湿度，同时还可提高地温，促进大樱桃地上和地下同步生长发育。果实发育是干物质积累的过程，温度的高低和温差的大小至关重要。果实开始膨大以后，白天温度应控制在22～25℃，夜间12～15℃，温差保持在10℃以上，减少夜间呼吸消耗，增加物质积累，促进果实快速发育。二是搞好授粉。设施栽培棚内密闭，空气流动性差，不利于传粉，搞好辅助授粉至关重要。常用的辅助授粉方法有人工点授、放蜂。花量少时可人工点授，花量大时实行放蜂。放蜂一般每亩放蜜蜂1～2箱或壁蜂300头左右。另外还可在盛花期喷施叶肥，如硼砂、尿素或磷酸二氢钾等，使用浓度为0.2%～0.3%。

5. 施肥总量要增加 设施栽培大樱桃整个生长周期比露地大樱桃长，生长期长近3个月，营养需求和营养消耗都比露地大，所以在施肥上不能同露地，应适当增加施肥量和施肥次数，以满足其生长发育需要。大棚樱桃与露地樱桃一样，生长发育迅速，其枝、

叶、花、果全是生长季的前半期完成的，不仅对养分的需求集中在前期，而且对树体的贮藏营养依赖性极大。所以，为了增加大樱桃的树体营养和前期需要，在施肥上要重视秋施基肥和前期追肥。一般要求基肥要重施，比露地增加 1/3，特别是优质有机肥要多施，确保每亩施 3 500 千克以上。追肥要比露地增加 1～2 次，并根据树体叶相进行多次叶面追肥，以防脱肥，稳定树势，确保连年丰产丰收。

六、现代大樱桃产后处理技术

（一）我国樱桃产后处理的现状与发展趋势

我国大樱桃栽培已有100多年的历史，特别是改革开放30年来大樱桃的栽植规模和栽植技术更是得到了突飞猛进的发展。截至2008年我国大樱桃的种植面积已达70多万亩，产量超过25万吨，种植面积已占到世界面积（约570万亩）的12%左右，产量占到世界产量的11%。与土耳其、美国位列世界前3位。

1. 我国大樱桃产后处理现状 虽然我国在樱桃种植业方面已经取得巨大进步，栽培规模迅速扩大、品种不断更新、果园综合管理技术逐渐与世界先进国家接轨。但长期以来，我国的樱桃产业只重栽培生产不重产后处理的现象十分普遍。产后处理还未真正起步，果农采收樱桃后直接拿到附近市场销售。在产后处理、增加商品化附加值的产后环节我们还很不重视。因此国产大樱桃销不到远方市场，无法实现优质优价。而美国等发达国家在生产领域的投资仅占农业总投资的30%，产后处理部分占70%。可见产后处理的重要性。美国果蔬产品的产后产值与采收自然产值比是3.7∶1，日本是2.2∶1，而中国是0.38∶1，说明产后处理极大地增加了产品的附加值。因为产后处理过程是将大樱桃果品转化为商品的过程，是提高果品的附加值并最终创造最高经济效益的过程。大樱桃采后处理方面与世界先进水平接轨是我国大樱桃产业目前最紧迫的任务。

2. 现代大樱桃产后处理的发展趋势

（1）可靠的采收标准。我国的大樱桃主产区目前均没有可操作的采收标准，并且普遍存在早采现象。只要有收购商上门，即使还未充分成熟也会采收。完全不考虑该品种的应有风味是否出现。长此以往，我们生产的大樱桃在色泽、大小以及风味上与国外同品种的樱桃出现了巨大差距。如国产拉宾斯的大小一般在8～10克，糖度在12%～13%左右，色泽为红色，产量是国外的1/3。而智利产拉宾斯果实纵横径为3.0～3.5厘米×2.5～3.0厘米，单果重平均15克，可溶性固形物含量平均19%，果肉硬，紫黑色。这看上去完全是两个不同品种，其实这只是采收期错误造成的。目前国际上对不同品种的采收有严格的质量标准。如比色板判断色泽，以可溶性固形物含量和糖酸比判断口味，以不同内径的套环测量果个大小等。智利的采收标准主要有两个，一是口感，即由一个经验丰富的人采前实地到园内品尝，这个品种应有的风味是否已经表现出来。二是测定果实的含糖量和硬度和色泽。这种既有客观又有主观的指标，可以保证消费者吃到的樱桃品质优良，从而增加其继续购买的欲望，也有助于维持一个较高的销售价格。

（2）水预冷及清洗消毒。在国外，大樱桃采收后要求必须在3～4小时之内运往包装厂地，经过质检人员测定糖、硬度等指标后，迅速进行水冷降温、表面清洗消毒等处理。将果实放在0～1℃的冷水中使果心温度在一定时间内迅速降到4～6℃，同时利用果面消毒处理药剂对果面进行清洗消毒，都可明显延长果实的贮藏寿命和货架期。因为采收季节的田间温度一般在20～25℃，如果不迅速预冷处理，其将来的冷藏期和销售货架期会很短，将直接影响樱桃的销售市场范围和价格。我国目前生产上樱桃采收后是不预冷的，直接拿到附近市场出售，这就决定了我们的樱桃只能供应近距离市场，且是集中上市，所以售价低、效益差。有些经销户收购了别人的樱桃，存放在冷库以备后期上市，一般只利用冷库预冷，这种预冷一般需时10小时以上，果实外表已冷但果心温度还较高，在冷藏贮藏过程中常有“出汗”现象发生。贮藏期一般仅1个月左右且未经果实表面清洗消毒等过程，贮藏期间常发生霉烂现象。

（3）机械化自动分级。国外大樱桃的销售市场对果个分级有严

格要求，不同级别之间售价差异明显，实行的是优级优价。因此，采收后必须经过分级才能上市。大樱桃自动分机的基本原理是根据果实的纵横径大小进行自动分级的。当樱桃在水流的伴流下在辊轴上顺一定坡度下滑时，不同直径的樱桃会降落到不同的接盘中而实现分级。大批量的樱桃都必须经过严格的机械分选，使同一规格包装的樱桃在大小、色泽、口味方面一致，以便实现优质优价和进入国际市场的要求。

在我国，樱桃种植是以家庭为主，规模小、产量低。但樱桃经销商和樱桃专业合作社是未来的发展方向。他们若希望开拓樱桃的市场空间，卖到外地和外国，机械化自动分选是必然选择，因为只有这样才能取得优级优价和超额利润。目前我国所有的樱桃主产区仍然采用传统的采后处理模式，大樱桃采后直接倒在地上，人工挑拣一下烂果后直接装箱发运到市场。每年因没有先进的采后处理技术和设备造成果实腐烂、相互挤压损失占总产量的25%～30%，造成的直接经济损失数亿元之多。

（4）*冷藏及冷链运输*。目前在发达国家冷链运输已是普通的储运技术手段，使他们的鲜活产品能运往世界各地市场，但在中国目前的冷链运输市场还很不发达。据估计，全国范围内，在需要温控处理的产品中仅有15%是以正确方式操作的，其结果是，大量的蔬菜和水果损毁，大众的健康处于潜在风险之中。究其原因，可归结为以下几点：规范标准不成熟、意识不足及经验缺乏、基础设施落后、服务提供商以及人力资源匮乏。

长途运输大樱桃，低温冷藏运输是关键，这样才能取得良好的贮运保鲜效果。目前我们运输大樱桃的工具一般都是普通卡车，有的通过加冰和采取棉被保温防护措施，仅能达到短期的低温运输效果。也有使用大樱桃专用保鲜袋（具有良好的调湿、调气功能）＋专用保鲜剂＋抗震、耐压、保温的包装材料（如聚苯乙烯盒等）。但这种处理一般仅能处理小批量产品，且效果不稳定，经常由于天热、路远或路况差而难于达到理想效果。

2007年以来，为了尽快改变我国在樱桃产后处理领域的落后局面，烟台市农业科学院果树研究所通过积极引进国外樱桃采后处理的先进技术，与国内厂家联合攻关，经过3年多努力，已成功开发出拥有自主知识产权的大樱桃自动分选机系列机械，及与之配套的水预冷、果面清洗消毒等产品和技术。这些设备和技术的尽快普及和推广将使国产大樱桃的贮运期和货架期显著延长，并有能力供应国内各大城市市场和国际市场。这些设备最适合国内大的樱桃经销商和专业合作社在樱桃采收季节使用。

（二）樱桃果个大小与经济效益的关系

国内外市场的反馈信息都表明消费者更喜欢大个的樱桃，大个的樱桃才能获得更高效益。然而，在一定立地条件下一棵特定樱桃生产的产量是一定的，但这个产量的构成却可以明显不同。这些产量可能大多是大型果樱桃构成的，也可能主要是小型果樱桃构成的，还可能是以中型果为主，那么你最后的收益将会有巨大的差异。因此樱桃生产者的重要任务就是研究在一定产量水平的基础上如何才能生产出更多大型果。是什么因素决定果实最终长的大小？以目前的研究水平可以总结出以下6大因素对果实最终大小有关键作用。一是品种/砧木的选择与搭配是否得当；二是修剪量不足或不当；三是结果量太多，叶果比太低；四是树势弱；五是关键时刻缺水，如花后果实膨大期；六是热应激反应。

1. 樱桃产量、果个与效益的关系 加拿大哥伦比亚省和美国华盛顿州2009年的樱桃生产效益更是以果个大小取胜，这已成为趋势。汉斯先生种的拉宾斯樱桃的产量控制在每英亩（合6.07亩）4～5吨，即每亩700～800千克。即使在市场萧条，他一箱26～28毫米大樱桃售价35～40美元，而一箱5千克2.2～2.4厘米的较小樱桃的售价为20～25美元，当考虑到生产成本的差异，大果的净回报率和利润更大。假设每箱的生产成本约14美元，净回报率小果仅5～10美元，与较大果的回报20～25美元相差很大（表7）。

表 7　美国俄勒冈州 4 年生甜心樱桃的果园生产经济学（虽是个例，但有代表性）

树体大小	中	大	小
产量预计	低产	最佳产量	高产
干基周长（厘米）	28	32	23
树干横截面积（厘米^2）	62.2	81.3	44.1
单株产量（千克）	6.2	18.9	16.8
平均樱桃大小（克）	9.3	9.3	7.7
果个大于 26 毫米的百分数	80	70	23
果个数/株	667	2 041	2 194
产量负载模型：			
产量负荷（果数/基干周厘米）	23.8	63.8	95.4
作物负荷（果数/厘米^2 干截面积）	10.7	25.1	49.8
生产效率（千克/厘米^2）	0.100	0.233	0.381
经济效益：			
市场报酬总额（美元/树）	58.88	167.90	120.25
净回报率（美元/树，每盒 14 元的假设费用）	40.68	113.20	70.85

以上是樱桃产量、果实大小和回报之间关系的一个例子，两个产量相差 30％的果园，在总回报方面可能相差无几，但净回报上则是产量稍低但果个大的果园高出 40％以上。

2. 樱桃园的一些重要数据和原则　一个现代果园应该是整齐度高、树势保持中庸，生长结果均衡，且产量可预见性的果园。授粉失败、霜冻和不可预见的热浪会破坏樱桃的产量，通过保护地栽培和其他处理可使樱桃果园获得对气候因素更大的控制。下面是樱桃树树体生长和结果方面的一些重要规律，在生产中应该知道和遵守：

一是树的结果量应与樱桃树的大小相匹配。

二是一个果实大小有个上限。产量再低也不会进一步增加果个的大小。

三是樱桃生产的特点是叶片生长快，果实发育快以及采后期时间长。因此如果不能维持产量均衡，很容易出现小果。重点期间包括：①中早熟品种从开花到收获仅需 50～60 天，晚季品种也不超过 100 天的果实生长期。②叶芽从开绽到叶完全长成只需 30 天。25%的果实重量是在成熟时的最后一周增加的。

四是一些比较简单计数和测量方法比如采用芽、短丛枝和长枝的计数和测量可以帮助预测产量，目前正在测试。

五是嫁接口以上约 10 厘米处（用油漆做个永久性标记）的干周长度在 8 年生前与樱桃果实负载量成正相关。此后干周继续增加，但产量将维持在这个高度上。

六是树冠体积一般在第 4～10 年达到最大，这主要取决于栽植密度。树冠体积在达到最大后的 2～3 年产量会达到顶峰。对于较老的成龄樱桃树树冠体积是一个更好的负载量预测基准。

3. 从效益看如何建一个好樱桃园 首先是选好品种、砧木和果园的位置，这是定植前需要深入考量、比较和选择的重点。

（1）品种。有些品种如拉宾斯是大果型、产量高。其他品种如萨米特和艳阳虽然果个大，但产量很低。品种选择的关键点是看它生产大果和产量的潜在能力。虽然气候和土壤对品种的这些潜能有一定影响。但品种的生产特性却会始终存在的。凡、斯特拉等都会因坐果过多而导致果个变小。美早产量虽一般但其较大的果个可以弥补其不足。重要的是要注意到，种植樱桃过程中有许多方面，如修剪、砧木生长、授粉和灌溉等管理措施可以修正或克服这些品种的某些不足。果实的大小只是一个标准，在选择使用品种时，其他一些性状也应考虑。

（2）砧木。砧木的选择是樱桃园综合管理的重要部分。砧木和品种的相互作用至关重要。好的组合应该是低产品种配合矮化砧木或者高产品种配合乔化砧木。下面是一个特定砧木对产量和果个影响的例子。在炎热、干燥、缺少灌溉条件下，选择 Gisela 5 或 Gisela 6 会产生树体小且过量结果、果个小的树。马哈利（Mahleb）需要土层厚且排水良好、无疫病的土壤，否则产量太多，树

小、果个小。考特（Colt）砧嫁接的植株通常能长成较大的树，也能早果但随着树龄增长坐果下降。这也就避免了因坐果过多导致果个变小的情况发生，至今考特仍然在许多地方是一个很好的砧木。Geissen 或 GM 系列砧木是矮化砧，如果太过矮化而加之修剪不当会导致产量过大且果个太小的结果，包括 Damil（GM61）。

（3）树形、修剪和树势。树形和修剪体系可以影响樱桃的负载量和果实的大小。杯状形和丛状形的整形方式需要大量修剪才能形成，但大量修剪会导致树体旺长而抑制花芽形成。中心干形、纺锤形以及国外的 trellised 形整形可以促进短枝形成而早结果，但也有产量过大的危险。中心干和纺锤形整枝成功的关键是使主干与同高度侧枝粗度保持在 1∶4 左右。侧枝培养 10～15 个，这样树势会较均衡稳定，结果量与果个大小都较理想。为了培养出这种枝干比的树形可以采用两种方法：一是栽大苗，当年不定干，次年春细弱侧枝留、强旺侧枝去掉；二是定干后对当年新发的侧枝在 20 厘米左右是就用牙签外撑开角，随后有一定程度木质化时随时拿枝、拉枝，将基角开到 90°以上并保持。

（4）果实负载量。按照国外的经验，从一个品种和果园立地条件相互作用的一个理想模型是每平方厘米树干横截面积留 25 个樱桃，此时的结果量和果个较均衡，效益较高。

（三）果实质量指标及评价

大樱桃是我国果树家族中的珍稀树种。过去由于栽培地域狭窄，仅集中在山东烟台和辽宁大连等少数几个沿海地区，栽培面积小、产量低，市场供不应求，因此对果实质量没有特别要求。随着近年来栽培区域的不断扩展，栽培面积和产量迅速增加，市场对大樱桃的内在品质和外观质量越来越重视，果品质量是否符合不同地区、不同国家的消费需求而被消费者接受将成为未来樱桃产业做大做强的关键。

1. 大樱桃果实质量的概念 这里要讨论的果品质量是一个大质量的概念，它既取决于果品本身，又取决于消费者的偏好。与消费者购买决定有关的外观质量性状主要包括果个、色泽、果实和果柄的新鲜度、有无缺陷和损伤等，与口感质量有关的指标则包括口味、果肉组织和香味。所有这些指标均可通过测定含糖量、含酸量、干物质含量、果汁、硬度和可挥发性物质含量来确定。另外消费者接受的质量还受到地域、国家、文化历史等诸多因素的影响。

樱桃的质量还受产业链中每一个环节的影响。大樱桃的整个产业链——生产、采收、预冷、分选、分级、包装、运输、分销和消费几大环节中，涉及不同环节的质量含义和要求也不同。生产环节的每一个决定和每一项管理都会影响到销售时的果实质量。因此是一个大质量的概念。

2. 分级、包装、运输、分销过程中的质量 这些过程中的机械损伤如碰、刺、压伤等对樱桃的质量影响特别大，这会导致樱桃果面凹陷。凹陷是樱桃果肉细胞发生的挤压伤发展而来的，也是樱桃工业中长期存在的问题。许多因素影响分选线上樱桃机械损伤的程度，其中硬度就是关键因素之一。硬度指标对运输到海外市场也是绝对重要的，研究表明硬的果实较软的果实更抗挤压。果形规整的樱桃则对包装有利，因为不够圆的果形不利于分级。

另外樱桃果是极易腐烂的商品，因为果实和果柄都含有大量水分和空气。水分损失很快。环境中的温度和湿度是主要影响因子。Kuferman（1986）等发现在温度 10℃，相对湿度为 100％和 52％的条件下 48 小时，果实水分损失分别达 1.5％和 3.5％。Patterson（1983）等报道樱桃果柄的重量损失比果实快 4 倍，这种损失主要是水分的损失，从而影响新鲜度和果面光泽。另外樱桃采后由于呼吸速率高，消耗糖酸类物质而迅速衰败，这也是影响运输和上市的大问题。

3. 樱桃的质量指标 果实口味与甜度、香味和硬度有关。口味不但决定于糖酸含量，还取决于糖酸含量之间的平衡即糖酸比，这些指标又与品种有关，色泽是成熟的主要指标，樱桃色泽由浅红到全红再到紫黑的过程中，一般其单果重、SSC（可溶性固型物含量）、TA（可滴定酸）和 SSC/TA 值均伴随增加。硬度也与色泽

变化有关。有专家建议用一个客观的（如果实和果柄色泽、硬度、SSC、TA）和主观的（如凹陷、碰伤等缺陷）指标，由试验人员对果实和果柄整体外观按 1～3 级（1 级为好，3 级为差）打分来辅助评价。香味对樱桃而言消费者不是特别重要，但果个是果质量指标中非常重要的，据 2004 年美国零售商汇总报告称，24 毫米及以上的果个更受消费者欢迎。

世界范围内，在发展中国家还对樱桃的保健作用越来越有兴趣。如根据樱桃含有高水平的抗氧化剂类物质，对癌症和心脏病有保健作用。另外樱桃还对关节炎、痛风等有缓解作用。

4. 消费者接受度质量 不同消费者的消费行为不同，这受他们的文化、历史、宗教趋向及经济和社会背景的影响。不同国家和地区的消费者对质量构成的组分有不同要求。即使在一个特定的地区，不同市场也有不一样的喜好。例如缺把樱桃一般认为是次品樱桃，但在西班牙的 Jerte Valley 地区 Picotas 樱桃就是无把采收，与带把樱桃卖价一样。外观、卖相如色泽是所有其他质量指标中影响购买决定最重要的指标。北美消费者更喜欢黑色樱桃，越黑越爱买。在挪威，个大和黑色樱桃更受欢迎。英国人则喜欢甜、多汁、个大、深色或黑色有光泽的樱桃。在日本则对黄色品种和甜度更大的品种更喜欢。我国的大多数消费者尤其喜欢甜的红色樱桃。Clifet（1996）等列举了 7 个外观指标（色度、色泽均一性、斑点、果个、果柄长度、外皮硬度、视觉喜好）和 7 个内在指标（果肉硬度、果肉色度、果汁量、甜度、酸度、香味和香味/果肉质地喜好）供试验测试，结果表明色度、色泽均一性及果个是 3 个最重要影响消费者接受度的品相指标。TA 也会影响消费者的接受度，尤其在 SSC 低的时候。在美国市场上，如果 SSC 分别低于 16%（broots）和 13%（Bing），高酸对消费者接受度有负面影响。Kappel（1996）等发现 SSC/TA 值在 1.5～2.0，且 SSC 在 17%～19%时，可以获得很高的口感评价。因此，一般大樱桃良好的口感指标应该是 SSC 最低 15%，17%～19%最佳，且要强调糖酸平衡。

5. 在大樱桃产业链中如何提高质量

（1）品种选择。大樱桃不同品种之间的质量差异很大，如早熟品种相对口味较淡，但上市早卖价较高；而晚熟品种口味好、果个大色泽好，但只能供应后期市场。故对一个果园而言，要根据未来市场的定位选择品种，一旦选定了品种会限定果园整个产期中果实质量。

（2）果园管理。树势适中，光照良好的树生产的果实硬度好。通过调节每年的修剪和降低果/叶面积之比来达到。平均单果重和可溶固形物含量（SSC）也受果/叶面积比的影响，增加株行距，可降低果实质量、果个和SSC，表明植株之间存在竞争。对一个特定的品种，当季的果/叶值是最重要的影响果个的因素。树形和整形修剪体系影响光照的分布进而影响树冠的光合率。同样的叶面积，光分布好则有利于增加光合产物对源器官的供应而长成大果形。Drake等发现雷尼的果个与树冠内外不同着果部位有关，顶部的果要大于内膛的果。另外，灌溉和施肥也要根据需要平衡使用，在收获期氮使用过量能降低硬度和可溶固形物含量（SSC）。

（3）采收期。采收期的确定也许是樱桃质量和果实色泽最大的影响因素。果实成熟过程中色泽的变化主要是由于叶绿素降解和花青素的积累，绿原酸和单宁被认为是影响果实香气和涩味感的主要物质。

成熟过程中樱桃果实呈现的最重要的生化和形态学的变化包括色泽、硬度和糖含量。色泽和糖是主要的成熟度指标。果实的色泽可用色度计或试验测定，在田间可以用樱桃色度图谱板。早采不但影响口感品质还会影响果个，因为发现在樱桃发育的最后2周，果实重量增加了30%。

（4）采后处理。樱桃采后生命期主要取决于3个因素：一是湿度，二是减缓成熟和衰老的生理进程，三是避免微生物侵染和发展。要控制此三因素主要靠冷藏和控制相对湿度（RH）。在采收和采后的最佳温度是10～20℃，超出此温度范围易出现凹陷。最佳的贮藏温度是0℃，空气相对湿度为90%～95%。

水冷较风冷货架期更长，水冷的作用一方面降温快，更平稳。果实经水洗消毒，减缓了衰败的进程进而保持了质量，辅助技术如气调及果面涂蜡可减低呼吸速率。蔗糖聚合物涂层可减少氧气的渗透，降低了酶的活性，阻止了维生素 C 的氧化，因而减少了樱桃果实中维生素 C 的损失。

开展大果品质量研究是未来开拓扩大消费市场的需要。随着樱桃本地市场的饱和，进一步开拓国内其他地区和国际市场势在必行。樱桃作为一种商品，消费者接受与否是衡量其质量高低的主要标准，因此进一步深入研究整个产业链中不同环节的质量指标与消费者接受度之间的关系十分必要，另外研究不同农业管理措施对质量组分的影响，从而达到对质量的全面控制是进行此类研究的最终目的。

（四）水预冷、果面清洗消毒与机械分选的原理与实践

1. 果实水预冷的技术原理 大樱桃采收季节的田间温度一般在 20～25℃，如果不经过预冷处理直接上市销售则货架期只能维持 5～7 天。而目前生产上流行的空气预冷，一般需要 12 小时以上。这样当采收量大时将无法满足需要。水冷方式是将采收的果实放在 0～1℃的冷水中使果心温度在极短时间内迅速降到 4～6℃，则可迅速减缓新陈代谢速率，减少水分散失和营养消耗以及病原菌的繁殖和侵染，保持果实的硬度、弹性和鲜度，延长果实的贮藏寿命和货架期。

2. 果面消毒杀菌的原理 田间采收的果实表面附着了大量的灰尘和病菌，如果不经过消毒杀菌极易引发果实腐烂，失去商品价值和食用价值。但一般的消毒杀菌药剂因残留果面而影响食用品质而无法使用，利用一种特殊的药剂处理，既可杀死果面的病原物又不影响食用，起到事半功倍的作用。

3. 自动分选机的工作原理 按照目前国际上的技术发展现状，大樱桃分选机只对果实大小进行分级。因樱桃果个小，无法按单果重量分，而是根据果个的纵横径大小进行自动分级的。基本原理是

当樱桃在水流的伴流下在一排辊轴上顺一定坡度往下滑时，因滚轴之间间距不同，这样不同直径的樱桃会降落到不同的接盘中而实现分级。

4. 目前烟台地区常用的贮藏保鲜方法介绍

（1）冷库贮藏法。冷库贮藏是目前应用最主要的方法，它具有操作简单、投资小、耗能少、降温快的优点。

①入贮前校正温度计。市场上销售的温度计准确度太差，酒精温度计的误差可达3℃，在贮藏中是不允许的。校正方法为：将温度计放入1/3水、2/3冰的冰水混合物中5～10分钟，显示的温度即为准确的0℃。

②冷库消毒和降温。对冷库以及冷库内的各种设施进行严格系统地消毒。冷库的消毒有硫黄熏蒸法和药剂喷洒法。硫黄熏蒸法：硫黄用量8～10克/米^3，燃烧密闭熏蒸24小时以上，继续密闭2～3天，再打开通风。将冷库整体消毒完毕后，在入贮前12小时左右进行空库降温，要求将整个库体冷透，空库预冷温度在－1～0℃。

③樱桃的贮藏管理。一是采收后的樱桃经过分级之后立即进入预冷库，预冷库温度设定为0～1℃。保鲜袋宜选择0.03～0.05毫米PVC樱桃专用保鲜袋。将保鲜袋袋口打开，敞口放置，预冷12小时后，待大樱桃冷透温度达到0℃，即可转入贮藏库。贮藏库温稳定在－1～1℃。二是塑料周转箱按照所分的类别，跺成不同类型的码跺，可作长期贮藏，在出库前可换用包装箱或纸盒包装出售；纸质包装盒的大樱桃只能作短期贮藏。三是樱桃在贮藏过程中，稳定的库温对樱桃的贮藏质量和贮藏时间影响都很大。稳定适宜的低温首先能够抑制大樱桃果实的呼吸，抑制微生物的滋生，降低新陈代谢速度，从而延缓衰老，有效地保证贮藏质量。其次库内温度要稳定，果实温度波动不大于1℃为宜。如果库温波动大而频繁，会造成袋内结露，大樱桃在贮藏过程中腐烂率会大大增加，从而造成严重的经济损失。四是库内的湿度应控制在90%～95%。

（2）气调贮藏法。气调贮藏是在冷库贮藏的基础上，在高CO_2

和低 O_2 及温度的双重控制下进行的贮藏方法，以保持大樱桃的优良品质，延长贮藏时间。大樱桃气调贮藏的方法在入库以及温度调节和装袋摆放等方面都和恒温冷库一样，唯一不同的是气调库贮藏樱桃的气体成分的调节。试验证明，樱桃耐高浓度的 CO_2 和低浓度的 O_2。通常在气调贮藏条件下，CO_2 浓度比例为 10%～15%，O_2 浓度比例为 3%～5%，应特别注意 CO_2 浓度不能高于 15%，以免引起 CO_2 中毒和产生异味。温度控制在－1～1℃，空气相对湿度保持在 90%～95%。在这样的条件下贮存 60 天后，好果率可达到 80%～87%，果梗保持鲜绿色。气调贮藏樱桃也有一定的局限性。经济造价比恒温冷库高。由于气调库受气体成分限制比较大，在贮藏时，须整库入满后才能调节气体参数，调节好气体参数后，在整个贮藏期不能随便将库门打开。如果气体成分比例稍有失衡，则会引起樱桃腐烂率大大增加，贮藏寿命会大大缩短。

（3）硅窗袋贮藏法。大樱桃在密封的容器中，由于其自身的呼吸作用，不断地消耗容器中 O_2，释放出 CO_2，使容器中 O_2 浓度降低，CO_2 浓度升高。当 CO_2 和 O_2 达到一定比例时，构成适宜的气调贮藏环境，有利于延缓果实的代谢进程，从而延长果品的贮藏寿命。大樱桃用小型包装的薄膜袋加一定面积的硅橡胶窗，一般在 10 千克以下，硅橡胶涂布在织物上形成膜，其透气性比塑料膜大 200～300 倍，透 CO_2 性能又比透 O_2 高 3～4 倍。大樱桃贮藏在镶有硅橡胶窗的聚乙烯薄膜袋内，由于呼吸消耗 O_2，袋内 O_2浓度降低，O_2 不足时可通过硅窗膜补充，释放出过多的 CO_2，则由硅窗膜排出袋外，从而使袋内长期保持 CO_2 和 O_2 的恒定浓度和比例。此种方法，只需一般的冷库就可使用，出库后可直接装入礼品盒或一般的包装箱，进入销售环节。

5. 贮藏保鲜的几个重要环节

（1）作好预冷是前提。果实在贮藏或运输之前，迅速将其温度降低到规定的温度范围内。预冷的目的是迅速消除大樱桃采摘后自身存在的田间热，降低温度，抑制大樱桃采后依然旺盛的呼吸，从而减缓新陈代谢，减少贮藏期间水分损失、营养消耗和病原菌的侵染，保持其较高硬度、弹性和鲜度等。从采收到预冷的时间越短越好。预冷现分为水预冷和空气预冷两种，水预冷时间短、效果好，但需要专门设备，空气预冷在少量贮存中应用较多。具体做法是，将采收后的樱桃装入0.03～0.05毫米PVC保鲜袋内，敞口放置，迅速放在已降至0～1℃的预冷间内，按照品种、采摘时间的不同分别摆放，当樱桃果实的温度降至（1±0.5）℃时即为已冷透，然后扎紧塑料薄膜袋，装入塑料筐内，再将预冷后的樱桃果实放入库温为－1～1℃的冷库中贮藏。

（2）防失水。库内湿度低，易使樱桃果柄枯萎变黑，表现皱皮和变褐。大樱桃果实贮藏的适宜相对湿度为90%～95%。樱桃在贮藏期间防止失水萎蔫的一个重要措施，就是要防止樱桃果实自身的水分丢失，保持樱桃果实本身果肉组织的水分。简单有效的方法就是采用0.03～0.05毫米PVC保鲜袋来保持水分，袋内湿度始终处于稳定状态，增加外部环境的渗透压，抑制樱桃果实内水分的外渗，从而防止失水萎蔫。其次可采用加湿器加湿的方法，即通过加湿器向库内喷水，使库内的相对湿度达到90%～95%，减少果实失水。一旦樱桃果实失水或者失水过多，这种方法则能达到预期的效果。反之，水分会附着在大樱桃果实表面，易引起果实腐烂变质，缩短贮期。

（3）防腐。大樱桃在采后过程中极易受到微生物的侵染，造成腐烂变质。通常用于控制果实采后腐烂的技术主要包括：①每千克樱桃可用0.1～0.2克仲丁胺熏蒸杀菌。②在保鲜袋中放CT－8号保鲜剂熏蒸防腐保鲜。③采前7～14天喷1次1 000倍甲基托布津，采后用100～500毫克/千克苯来特浸果或SO_2片剂熏蒸，用量1.4克/千克。

（4）防褐变。褐变机理目前尚在研究中，多数研究者认为，褐变是由于酚类物质氧化生成黑褐色醌类物质所致。果肉组织的褐变也是一种常见的冷害症状，大樱桃在普通冷藏条件下果肉极易受到冷害。冷害是指由水果组织冰点以上的不适低温造成的伤害。大樱桃在低于临界温度时，不能进行正常的代谢活动，抵抗能力降低，

生理生化失调，导致冷害症状出现。如果品表面出现凹陷、水浸斑、种子或组织褐变，内部组织崩溃，果实色泽不均匀，产生异味或腐烂等。大樱桃属于冷敏性水果，而低温贮藏又是保存大樱桃质量的最有效办法，通过控制温度可以降低代谢速度，如呼吸强度、乙烯释放率等，从而控制果品质量下降。但是对冷敏性水果低温贮藏不当时，不仅冷藏的优越性不能充分体现，果品还会迅速败坏，缩短贮藏寿命。需要注意的是，大部分冷害症状在低温环境或冷库内不会立即显现出来，而是在果品被运到温暖的地方或销售市场时才显现出来。大樱桃果实的冰点为－1.9℃左右，温度低于－1.9℃，大樱桃容易受冻害。目前大部分采用的贮藏温度为－1～1℃。

（五）自动分选机的使用环境条件要求

1. 机械安装场地的要求 本机外形尺寸：L形长边11米，L形短边长5米，宽2.4米，高1.8米；重量2 500千克；机器放置的房间在除满足机器本身的大小以外，还要留出上料传送带两侧及出果口处工作人员的位置，以方便操作。

2. 光线与温度的要求 分选室要求光线充足，如自然光照不足，必须架设照明光源，以满足分选辨别颜色的需求。室内应保持低温，最好在5～10℃。

3. 冷却水与消毒剂 冷却水以中性井水为佳，若用自来水则需调整pH到7.0。水温以0～1℃为宜。可以加大型冰块到储水箱中形成冰水混合物来用。这样可以在分选过程中同时将果实温度降下来。消毒剂采用可溶于水又极易挥发除去的次氯酸（$HClO_2$）溶液。使用浓度为120～150毫克/千克的次氯酸溶液，以柠檬酸调整pH到6.5～7.0为宜，杀菌效果理想又不影响食用品质。

4. 机选果实的采收标准 机械分选的果实一般是供应高端市场，优质优价，所以对樱桃的内外观品质要求严格。每品种采收时必须达到该品种应有的成熟度。主要标准有两个：一是口感品质必须充分呈现该品种的特有风味，采前应由有经验的人员品尝确定；

二是测定品种的糖度和硬度，要求达到规定要求。

采收要分批进行，同批次的果实在大小、色泽等外观上要基本一致。采后要求在3～4小时内运往分选地，进行预冷和分选。采收后的果箱应轻搬轻放，不要倒箱，运输过程要注意车胎胎压不能过高。一般应在早晨10时前和16时后采收。

5. 所需人员及职责

（1）*上料*。需1人，负责将果箱搬到上料线上，倾倒果实要缓慢以免碰伤。

（2）*初选*。需8～10人，分两排站于上料线两侧，负责摊开果实成一薄层，同时捡除落叶、病、小、残果，分开双子果的连柄，使果层匀速前进。

（3）*冷却水与消毒剂*。1人负责，随时检查调整水温、pH等，并巡视机械各部位运转状况。

（4）*出料口*。1人负责，负责移走分选好的果箱，检查分选精度是否符合要求，吹风除湿效果，调节分选级别等。

6. 选后的包装与贮藏　分选后的果实应该直接装入最终包装箱内，不要再次转箱，以免增加损伤。根据国外的经验，大樱桃的包装一般有大包装和小包装之分。大包装是每箱5～10千克，箱内应该内衬带通气孔的塑料纸，外层的包装纸箱也应有通气孔。小包装是每塑料袋装500克或1千克，然后放到纸箱中，即每箱内有10袋。

包装箱封箱前要分别称重，封箱后打上品种、重量、等级等标签。最后码垛，放入已调整好温度的冷库中，直到发往市场。

七、大樱桃的生产与市场营销

从世界范围看，大樱桃的种植面积近 10 年来总体保持稳定，一直维持在 35 万公顷左右。而期间各国的种植面积消长相互抵消，如原独联体国家面积减少了，美国、土耳其、智利等国面积有较大增加，而欧盟国家基本维持稳定。国际贸易量则有稳步增加趋势。

（一）世界大樱桃生产概况

1. 主产国分布及 2010 年的面积、产量 根据联合国粮农组织最近的统计数字，2010 年全世界共有大樱桃结果面积约 37 万公顷。其中土耳其、美国、伊朗等 11 国面积占到世界总面积的 64%之多，表明世界大樱桃栽培集中化发展趋势明显（图 8）。

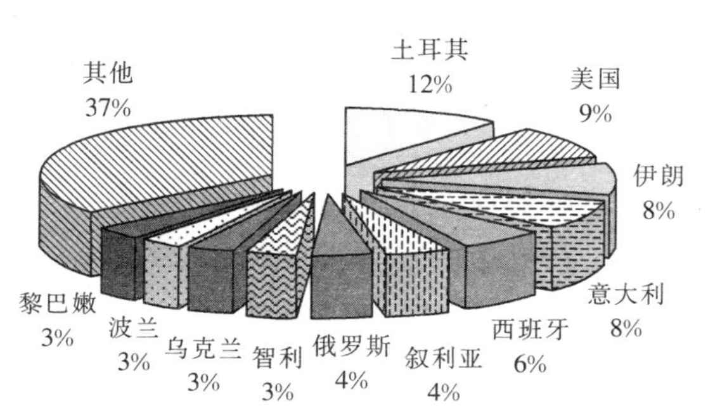

图 8 2010 年世界前 11 主产国栽培面积及比例

从各国的生产水平看，土耳其、美国及伊朗 3 国的单位面积产量最高，都在 8 000 千克/公顷以上。土耳其、伊朗是世界大樱桃的发源地，其生态环境条件特别适合于大樱桃的生长发育要求。但单产最高的是罗马尼亚和奥地利两国，平均单产都在 10 000 千克/公顷以上，而大多数国家则在 4 000 千克/公顷左右（表 8）。

表 8　2010 年世界二十大主产国樱桃面积、产量

序号	国　别	2010 收获面积（公顷）	2010 总产量（吨）	单产（千克/公顷）	面积占比（%）
1	土耳其	42 054	417 790	9 937	11
2	美国	35 625	287 305	8 064	9.38
3	伊朗	30 400	255 500	8 404	8
4	意大利	30 020	115 476	3 846	7.9
5	西班牙	23 800	80 300	3 374	6.27
6	叙利亚	17 200	86 300	5 017	4.5
7	俄罗斯	16 000	66 700	4 168	4.2
8	罗马尼亚	6 930	70 290	10 143	
9	乌兹别克斯坦	8 500	75 000	8 823	
10	智利	13 143	59 000	4 489	3.46
11	法国	9 940	45 905	4 618	
12	乌克兰	12 600	73 000	5 793	3.3
13	波兰	11 275	35 462	3 145	2.97
14	希腊	9 800	38 200	3 898	
15	德国	5 389	30 831	5 721	
16	黎巴嫩	11 800	38 700	3 279	3.1
17	奥地利	2 600	28 000	10 769	
18	塞尔维亚	7 500	22 201	2 960	
19	中国	7 000	28 500	4 071	
20	日本	4 470	19 700	4 407	
22	澳大利亚	2 300	13 300	5 782	
23	新西兰	580	1 800	3 104	
24	加拿大	1 317	9 664	7 338	
	全球	379 814	2 130 851	5 610	

2. 近 10 年来各主产国面积变化趋势　自 2000 年以来的 10 年间，世界大樱桃总面积一直稳定在 34 万～37 万公顷（510 万～555

万亩）。但各国栽培面积却此消彼长处于动态变化中。其中，土耳其和智利两国的面积10年内增长了1倍，美国的面积增长50%。而前苏联地区和东欧国家面积呈下降趋势，主要原因是增长国家大力发展出口贸易带动了种植面积的增加，而出口不畅，国内消费未出现增长导致栽培面积下降（表9）。

表9　各国2000—2010年樱桃收获面积变化表

单位：公顷

国家（或地区）	2000年	2002年	2004年	2006年	2008年	2010年
土耳其	21 300	22 400	25 000	30 331	35 800	42 054
美国	24 869	29 433	31 677	32 901	33 431	35 625
伊朗	25 244	25 500	31 341	33 500	28 176	30 400
意大利	—	—	28 331	28 876	28 900	30 020
俄罗斯	25 000	28 000	26 000	28 000	16 000	16 000
罗马尼亚	10 446	11 653	9 612	7 240	7 628	6 930
智利	5 832	6 550	7 200	7 600	10 100	13 143
乌克兰	16 900	15 600	14 200	13 200	12 600	12 600
欧盟	218 511	200 017	189 385	—	177 015	183 039
全球	347 997	—	340 043	354 864	347 624	379 814
中国	—	—	—	—	—	7 000

（二）国际大樱桃进出口市场分布

1. 主要出口国分布及出口量　2009年世界前20大出口国（或地区）及出口量见表10。

表10　2009年世界前20大樱桃出口国（或地区）的出口量及出口单价

排列	国家（或地区）	出口量（吨）	出口货值（1 000美元）	出口单价（美元/吨）
1	美国	69 754	309 429	4 436
2	智利	23 474	149 172	6 355

（续）

排列	国家（或地区）	出口量（吨）	出口货值（1 000 美元）	出口单价（美元/吨）
3	土耳其	50 785	132 579	2 611
4	西班牙	25 498	80 040	3 139
5	奥地利	18 553	79 854	4 304
6	吉尔吉斯斯坦	12 881	35 379	2 747
7	欧盟	17 649	31 915	1 808
8	加拿大	5 559	24 479	4 403
9	法国	6 304	24 350	3 863
10	荷兰	5 129	22 416	4 370
11	意大利	4 850	21 317	4 395
12	中国香港	4 418	20 315	4 598
13	希腊	6 737	18 961	2 814
14	澳大利亚	1 866	15 999	8 574
15	新西兰	1 572	14 616	9 298
16	波兰	10 995	13 610	1 238
17	德国	5 139	13 447	2 617
18	比利时	2 371	10 102	4 261
19	叙利亚	6 710	9 338	1 392
20	匈牙利	3 933	7 847	1 995

从表 10 可见，世界第一大出口国是美国，智利、土耳其、西班牙等紧随其后。美国出口鲜果主要靠海运，主要出口市场是亚洲，包括日本及中国（含台湾和香港地区）；欧洲主要出口到英国。发展趋势：研究培育更晚熟和更甜的新品种，技术的应用将影响市场和市场营销；强化企业的包装和营销。

西班牙和意大利年产量在 10 万～14.6 万吨。60%出口德国，15%出口英国，25%出口其他欧盟国家。上市期为 5～7 月。

土耳其年产 40 万吨左右，为世界第一大生产国。生产期与西

班牙/意大利重合，主要出口欧洲市场。

伊朗年产30万吨樱桃，为世界第二大生产国，出口欧洲的意大利和西班牙，品种主要有Takdaneh、Khooshe ee黑樱桃(black)和Mash hadi等，其主产地在德黑兰、Qazyin等地。

从出口单价看新西兰、澳大利亚和智利出口的樱桃最贵，原因有两个方面。其一，他们是南半球国家，其樱桃的成熟季节与北半球相反，出口市场主要以欧洲、北美和亚洲为目的地，而此时这些地区正处最寒冷的冬季，市场上只有这几个南半球国家生产供应樱桃，出现物以稀为贵的情况。其二，这个上市期又恰逢圣诞节、元旦及中国的春节，消费意愿浓烈，所以售价高（表11）。

表11　世界前十大出口国（或地区）樱桃出口单价变化表（2000—2009年）

单位：美元/吨

排序	国家（或地区）	2000年	2003年	2005年	2007年	2009年
1	美国	4 349	3 781	4 502	5 300	4 436
2	智利	2 690	2 824	3 128	3 900	6 355
3	土耳其	1 981	2 354	2 648	1 871	2 611
4	西班牙	1 599	2 646	2 861	3 598	3 139
5	奥地利	2 167	2 896	3 472	4 238	4 304
6	欧盟	1 330	969	1 436	2 606	1 808
7	加拿大	5 559	3 971	4 224	4 175	4 403
8	意大利	2 029	3 348	3 090	4 520	4 395
9	澳大利亚	4 008	4 696	6 870	8 734	8 574
10	新西兰	5 691	6 730	8 420	9 045	9 298

从近年来世界樱桃出口市场的价格变化看。美国出口价格近10年来变化不大，一直处于4 000～5 000美元/吨，欧洲国家出口价略有升高，只有南美洲和大洋洲的出口价格大幅提高，澳大利亚和新西兰的樱桃出口多用空运和UPB，费用较高（图9）。

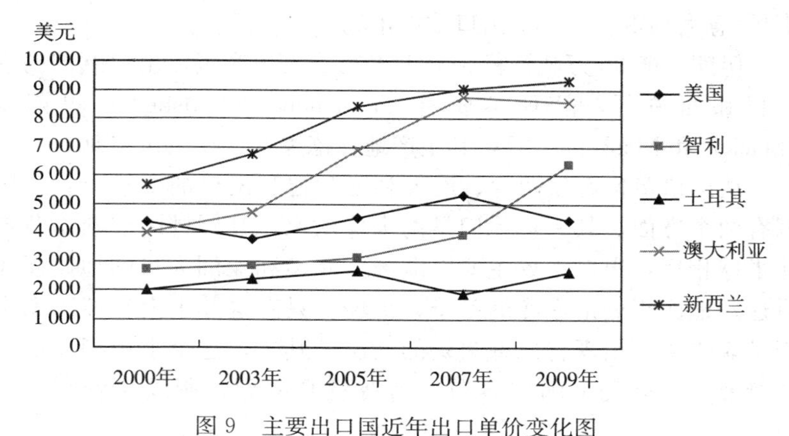

图 9　主要出口国近年出口单价变化图

2. 主要进口国分布及进口量　根据 FAO 最新公布的统计，2009 年前 20 大樱桃进口国（或地区）进口情况如表 12。

表 12　2009 年世界 20 个大樱桃进口国（或地区）进口量及单价

排序	国家（或地区）	进口量（吨）	进口货值（1 000 美元）	进口单价（美元/吨）
1	欧盟	38 322	173 525	4 528
2	俄罗斯	69 782	121 678	1 744
3	加拿大	30 488	108 604	3 562
4	中国	18 413	100 773	5 473
5	奥地利	20 701	88 895	4 294
6	日本	11 009	88 423	8 032
7	中国香港	18 300	85 541	4 674
8	德国	22 407	72 810	3 249
9	英国	17 070	68 226	3 997
10	美国	12 693	51 080	4 024
11	荷兰	22 158	35 136	1 586
12	意大利	9 741	34 387	3 530
13	韩国	3 860	25 441	6 591
14	比利时	6 921	23 289	3 365
15	法国	6 314	19 561	3 098
16	巴西	2 442	13 670	5 598

（续）

排序	国家（或地区）	进口量（吨）	进口货值（1 000 美元）	进口单价（美元/吨）
17	西班牙	2 606	12 675	4 864
18	澳大利亚	2 924	12 374	4 232
19	新加坡	1 135	8 045	7 088
20	丹麦	2 043	7 659	3 749

从表 12 可见，目前世界范围内樱桃的进口市场主要分 4 大区块：西欧、东亚、北美和俄罗斯。其中西欧、北美等是传统消费市场。异军突起的进口消费市场是东亚地区，主要包括中国（含香港和台湾地区）以及日本、韩国。其中中国每年进口量超过 4 万吨，主要进口来源是美国和智利等。在春节前后的中国国内各大中城市超市，都可见智利产宾库和拉宾斯的大樱桃鲜果，在广州一般售价在 80～100 元/千克，在烟台则要 120～160 元/千克，约合 15 000 美元/吨，是离岸价的 3～4 倍，虽然海运路途遥远，海运价每 20 吨集装箱从南美到广州港也不过合 6～10 元/千克。因此，经销商的利润仍然过于丰厚。

3. 亚洲各国大樱桃消费市场特点评述 如果经常看国外资料，樱桃果实大小的表示方法与国内不同。在美国衡量大樱桃果实大小以 27.6 厘米（10.5 英寸）距离内能排开果实的个数表示。与我国的单果重的换算关系见表 13。

表 13 樱桃果个与单果重和排行数的关系

单果直径（毫米）	单果重（克）	果实大小指标*（行）
20.6	4.2～5.3	13
21.4	5.4～7.0	12
24.2	7.1～8.6	11
26.6	8.7～10.6	10
29.8	10.4＋	9

注：* 为美国标准。

以下是参考国外研究资料，对亚洲主要进口国市场特点的评述。

（1）日本。果个要求在11行以上，偏爱大型果，销售价格对大小极为敏感。颜色从粉红到紫黑，取决于品种。最喜欢宾库（Bing），也需要一些雷尼（Rainer）。目前供货期在5～7月主要是美国的加州和华盛顿供货，11～12月则由新西兰和智利供货。存在的主要问题包括：成本高，运输线路占交付价格的60%；智利樱桃主要是货物熏蒸和到达时的状况；零售业务项目运作多年，成熟；当地也有樱桃生产。

（2）中国香港及大陆市场。果个喜欢10.5行及以上。价格导向性，颜色深红色。偏爱宾库，货源主要来自美国加州和华盛顿，5～7月供货，11～12月则由智利和新西兰供货。主要问题：投机市场，喜欢晚熟品种，海运为主；可改道台湾；海关政策经常变化。

（3）中国台湾市场。果个以10行或更大为好。颜色桃红色，偏爱宾库，尤其喜欢甜心（Sweetheart），以及新西兰的Sweet Valentine。供货期5～7月，主要是加州、华盛顿供货，7月底至8月底是加拿大供货；11～12月是智利、新西兰和澳大利亚供货。主要问题有：远距离运输后的货物状况，南非因质量差、产量少没有供货；新西兰被认为比智利的质量更好；采用UPB包装；质量高低之间价格差异巨大；零售易产生亏损。

（4）新加坡/马来西亚。果个要求11行或更大，更多的是11行的，颜色紫红，喜欢宾库，新加坡还喜欢雷尼。5～7月加州和华盛顿供货，11～12月智利、新西兰和澳大利亚供货。主要问题：新加坡转运中心的竞争在持续，正转向零售为主；马来西亚是纯价格驱动型市场。

（5）印度尼西亚。11行或更大，对价格敏感。对颜色无特别偏好，哪个品种都可，只要价格便宜。

（6）泰国。果个以9.5行及以上，颜色深红色，品种以大和甜为取向，喜欢宾库和雷尼。两者的供货基本同新加坡。但有的年份智利货没有供印度尼西亚。主要问题：高成本产品在这些市场销量有限；零售市场发展进程有差异；与当地产的季节性水果如荔枝、榴莲等有竞争。

（三）中国大樱桃产销现状

关于中国大樱桃目前的实际栽培面积和产量的统计数据，因樱桃属于小杂果类，主管部门没有发布有关数据。业内专业人士估计栽培面积在60万～75万亩，产量25万～30万吨。面积应位于世界前3位，产量因多数是幼树加之栽培技术水平低，单产较低。烟台地区产量较高的可达7 500千克/公顷，低的一般在3 500千克/公顷左右，个别小型果园有的年份也可达15 000千克/公顷（1 000千克/亩）。

销售市场主要在产地周边城市如烟台、青岛、济南、大连、沈阳、西安、郑州等和消费水平较高的大城市如广州、上海、北京等。

销售价格变化很大，同一采收季节中早熟品种一般最贵，有时可达100～200元/千克。果个大的品种如美早、萨米特等也会相对贵一些，一般年份都在30～40元/千克。

由于种植规模小，缺乏采后处理技术以及包装、冷链贮运技术，缺少龙头公司和合作组织的协助，大樱桃的销售市场目前仍然处于较原始状态。与国外差距很大，有待于今后发展和提高。

主 要 参 考 文 献

李淑平，张福兴，孙庆田，等 .2010. 樱桃根癌病研究进展［J］. 烟台果树（2）：7－9.

罗新书，等 .1987. 幼龄果树栽培技术［M］. 北京：中国农业机械出版社 .

马德钦，张洪胜，梁卫东 . 1995. 应用土壤杆菌防治植物冠瘿病［J］. 微生物学通报（8）：238－239.

孙玉刚，秦志华，安森 . 2008. 甜樱桃发展三十年回顾与展望［J］. 烟台果树（4）：11－14.

张洪胜，张宗坤，刘万好 . 2008. 大樱桃产业链中果实质量性状的评价［J］. 保鲜与加工（5）：24－26.

张洪胜，张宗坤，刘万好 . 2008. 大樱桃裂果问题的研究进展［J］. 烟台果树（3）：3－5.

张洪胜，梁玉本，杨传光 . 2009. 大樱桃流胶病的病因与防治［J］. 烟台果树（1）：36.

Norman F Childers. 1978. Modern fruit Science［M］. 8th. Horticultural Publications.

图书在版编目（CIP）数据

现代大樱桃栽培 / 张洪胜主编．—北京：中国农业出版社，2012.6（2018.12 重印）
ISBN 978-7-109-17040-7

Ⅰ.①现… Ⅱ.①张… Ⅲ.①樱桃-果树园艺 Ⅳ.①S662.5

中国版本图书馆 CIP 数据核字（2012）第 167152 号

中国农业出版社出版
（北京市朝阳区农展馆北路 2 号）
（邮政编码 100125）
责任编辑 张 利 石飞华
文字编辑 吴丽婷

中国农业出版社印刷厂印刷 新华书店北京发行所发行
2012 年 9 月第 1 版 2018 年 12 月北京第 5 次印刷

开本：880mm×1230mm 1/32 印张：4.75 插页：2
字数：120 千字
定价：19.00 元

彩图1　萨米特（Summit）

彩图2　美早（Tieton）
（孙玉刚提供）

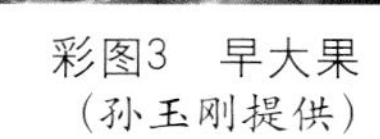

彩图3　早大果
（孙玉刚提供）

彩图4　甜心(Sweetheart)
（孙玉刚提供）

彩图5　拉宾斯（Lapins）

彩图6　岱红

彩图7　艳阳

彩图8　佐滕锦

彩图9　纺锤形整枝

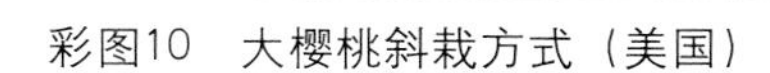

彩图10　大樱桃斜栽方式（美国）

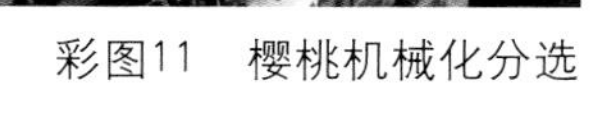

彩图11　樱桃机械化分选

彩图12　樱桃包装

彩图13　流胶病症状

彩图14　樱桃裂果类型

彩图15　果实贮藏期霉变